BAOZHUANG SHEJI

中职中专特色课程规划教材

包装设计

主　编　孙慧霞　单春莉
副主编　陈铁骑　赵国志　刘　强
编　委　王　静　陈　微　王国强
张庆华　李　萍

东北大学出版社
·沈　阳·

图书在版编目（CIP）数据

包装设计 / 孙慧霞，单春莉主编. — 沈阳 : 东北大学出版社，2021.12
ISBN 978-7-5517-2855-3

Ⅰ. ①包… Ⅱ. ①孙… ②单… Ⅲ. ①包装设计—中等专业学校—教材 Ⅳ. ①TB482

中国版本图书馆 CIP 数据核字（2021）第263474号

出 版 者：东北大学出版社
地址：沈阳市和平区文化路三号巷 11 号
邮编：110819
电话：024-83687331（市场部） 83680267（社务部）
传真：024-83680180（市场部） 83687332（社务部）
网址：http：//www.neupress.com
E-mail：neuph@neupress.com
印 刷 者：辽宁新华印务有限公司
发 行 者：东北大学出版社
幅面尺寸：185 mm × 260 mm
印　　张：8.5
字　　数：186 千字
出版时间：2021 年 12 月第 1 版
印刷时间：2021 年 12 月第 1 次印刷
策划编辑：牛连功
责任编辑：丁思文 杨世剑
责任校对：张庆琼
封面设计：潘正一
责任出版：唐敏志

ISBN 978-7-5517-2855-3　　定　价：30.00 元

前言

包装设计是平面设计专业中一门重要的专业设计课程。包装设计主要解决包装造型、包装结构和包装装潢的问题。本书意在通过商品包装设计与制作的训练，使学生掌握商品包装的调研、创意、设计、制作的相关知识，重点培养学生使用不同创意与表现方法完成包装设计的能力。

平面设计与商业活动紧密结合，与各行业密切相关。2018年以来，吉林省长春市数字媒体应用技术行业的地位有了显著提升，产业结构升级不断加快，整体发展形成喜人局面。目前，吉林省广告数字媒体从业人员有2万余人，与发达省份相比，吉林省广告业人才存在较大的缺口，市场发展潜力巨大。据不完全统计，目前我国平面设计从业人员约有170万人，从事平面设计艺术类人才培训的院校和教育机构有近千家，而且这些数据还在不断地增加。为了适应行业需要，我们组织多年工作在平面设计行业和教学第一线、具有扎实专业基础理论知识和丰富实践经验的专业教师，为平面设计专业学生编写了《包装设计》一书。

本书共分为七个项目，系统地阐述了时下国际较为新颖的包装设计理念、包装材料与技术、包装色彩流行趋势，以及包装造型工艺等，融会经典与时尚，兼顾实用与创意，让读者充分消化理论知识，加深理解何为优秀的包装设计，并从中获得有关设计的知识，提出系统的包装创新解决方案，开拓全新设计思路。本书可供计算机平面设计专业、广告艺术设计专业的师生及相关广告行业的平面设计爱好者使用。

本书由孙慧霞、单春莉担任主编。其中，项目一由单春莉、王静编写；项目二由赵国志、刘强编写；项目三由孙慧霞、李萍编写；项目四由王静、陈铁骑编写；项目五由赵国志、王国强编写，项目六由孙慧霞编写；项目七由陈微、张庆华编写。

由于编者水平有限，加之时间仓促，本书中难免存在错误或疏漏之处，敬请读者批评、指正。

编　者

2021年6月

目　录

项目一

包装设计概述

项目导读

什么是包装？一个普通的杯子，一个贴上知名品牌标志的杯子，一个有着包装袋的杯子，三者的价格会产生很大的差别。包装产生价值，在经济全球化的今天，包装成为商品不可分割的一部分。包装在生产、流通、销售和消费领域的作用越来越重要，包装设计的优劣直接影响着商品的销售，因此它被称为“无声的推销员”。本项目将沿着包装发展的历史足迹，一起来探索包装设计的本质，进而对现代各种包装设计理论有更全面、更深入的理解。

任务一　包装的历史与渊源

任务目标

在包装发展过程中，人们对包装的认识逐渐深化。以包装物的含义而言，就有广义和狭义之分。广义上的包装物，是指人们用来盛放和包裹食品或用品的器物；狭义上的包装物，则是指市场上所流行的销售包装（或称为商品包装），它不仅是某种看得见、摸得着的物品，而且更多地蕴含着保护商品品质、传达商品信息、促进商品销售的内在意义。如图1-1-1所示，篆书中的“包”字就是一个意为“育子于子宫中”的象形字，它反映了古人对包装的认识与理解。表1-1-1所列为各国包装的不同定义。

根据《辞海》（第七版）中的解释及传统上被人们所接受的含义，“包”有包藏、包裹、收纳等意思，而“装”则有装束、装扮、装载、装饰与样式、形貌等意思。如果将传统的包装设计概念概括一下，它具有以下意义：保护，即通过一定方法将物品保护起来，使之在质量上免受损害；整合，即将一些无序杂乱的物品按照一定的容量或计量单位组合、统合在一起；运输，即通过包装使物品便于运输、搬运；美化，即通过包装使物品显得更加漂亮、吸引人。与对其他客观事物的认识一样，人们对包装的认识也是随着社会生产实践的不断加深而不断更新的。

图1-1-1　篆书“包”字

表1-1-1　各国包装的不同定义

国家	定义	总结
中国	为在流通过程中保护产品、方便储运、促进销售，按照一定技术方法而采用的容器、材料和辅助物等的总体名称	包装是为保护商品，使之能够经受运输和保管的考验，并进一步提高商品价值的一种商品化技术手段
美国	包装是为产品运出和销售的准备行为	
英国	包装是为货物运输和销售所做的艺术、科学和技术上的准备工作	
加拿大	包装是将产品由供应者送到顾客或消费者手中，而能保持产品于完好状态的工具	
日本	包装是使用适当的材料、容器并施与技术，使产品安全到达目的地，即产品在运输和保管过程中能保护其内容物及维护产品的价值	

在人类漫长的文明进化历程中，科技发明、社会变革、生产力的提高、环境的变化及人们生活方式的进步，对包装的功能和形态产生了很大的影响。从包装的发展演变过程中，我们能清晰地看出人类进步的足迹，了解包装的发展与演变，对今天的设计工作具有非常现实的意义。

任务要求

包装的原始形态为容器，容器的发展历史相当悠久，对包装的产生也起到促进的作用。但从今天对包装概念的理解来说，容器并不能算作真正意义上的包装，因为它仅具备了包装的一些基本功能，如保护物品、方便使用和携带等。

产业化包装发展的历史，既是包装材料及制造工艺的发展史，也是包装形态不断适应市场竞争而变化的历史。主要的包装材料（如金属、纸板、玻璃、塑料等）能有今天丰富多彩的形态，是长期演变与不断积淀的结果。

任务驱动

一、包装的原始形态

在我国，古代劳动人民用智慧和勤劳创造出各式各样形态优美的容器，正如马克思所说："动物依照它所属的那一种类的需要程度来创造，而人却善于按照每一种类的需要程度来生产，而且始终是善于用适当的措施来处理对象，因此人是按照美的规律来创造的。"包装的原始形态有以下几种。

1. 陶器

我国陶器的起源很早，图1-1-2所示为我国原始陶器图。有关资料显示，1962年在江西省万年县仙人洞出土的距今约2万年的陶器，是我国目前发现的最早的陶器资料。尤其是到了新石器时代晚期，我国制陶技术已经发展到很高的水平，人们用天然赤铁矿颜料和锰化物颜料在陶器上绘制装饰纹样，进而烧制成精美的彩陶（如图1-1-3所示）。彩陶的装饰纹样有植物、动物、山水等自然现象，也有人物及抽象的几何图形。这些图案的造型简洁精练，富有韵律感，流畅刚健，装饰性强，充分反映了古人对造型语言和形式美的追求与探索。

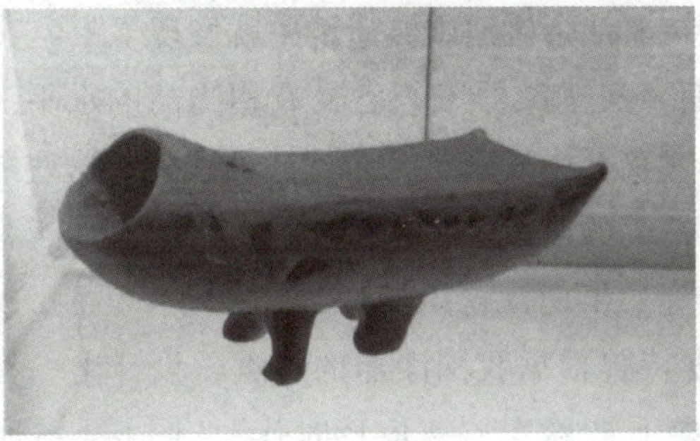

图1-1-2　原始陶器

图1-1-3　西汉马家窑陶器

2. 青铜器

早在商代，我国就已普遍使用青铜器，但它们主要是被制成满足奴隶主或达官贵人奢华生活需要的各种用品，普通的劳动人民则享用不起。青铜器的造型丰富多样，仅作为容器出现的就可分为烹饪器、食器、酒器、水器等。烹饪器主要有鼎（煮肉的器物）、鬲（音"力"，煮粥的器物）、甗（音"演"，烹饪器）等。食器主要以簋（音"轨"）最多，用来盛黍、稷等主食，相当于现在的碗。由于奴隶主的生活祭祀仪式多，所以酒器的造型很丰富，主要有爵（饮酒和温酒的器物）、角（饮酒器）、觚（音"姑"，饮酒器）、觯（音"至"，饮酒器），还有壶、卣（音"有"）、觥（音"公"）、尊等盛酒器及盉（音"禾"，调酒器具）等。水器则有鉴和盘等。

青铜器的创造体现了古代人民对制造工艺和装饰美学法则的掌握。如图1-1-4所示，三只足的鼎有极强的稳定感；觚修长而富有节奏感的造型，像一枝含苞待放的花朵。在装饰上，除平面纹样外，青铜器上还出现了很多立体雕塑装饰，比如把盖的纽做成鸟形、把觥的盖做成双角兽形等，大大丰富了青铜器的造型。

（a）鼎

（b）觚

图1-1-4 青铜器

3. 漆器

我国开始以漆作为涂料，相传始于4000多年前的虞夏时期，但是实际使用漆器的时期可能还要更早。1976年，考古人员在浙江余姚河姆渡遗址中就发现了距今7000年左右的木胎漆碗与漆筒。到了商周时期，我国漆器工艺已具有相当高的水平。1973年，考古人员在河北石家庄藁城台西商代墓葬中发现了几十片漆器残片，这些漆器为朱红底，黑漆花纹上下交错，构成多种精美的图案。在中国历代的人物画中，常常能看到漆器作为道具（如化妆盒、食品盒等）出现，它甚至对欧洲文化产生了影响。18世纪，英国著名家具工艺家汤姆·齐皮特曾根据我国漆器的特点，设计出一种装饰风格独特的家具，风靡一时，在家具史上被称为“齐皮特时代”。图1-1-5所示为漆器。

（a）

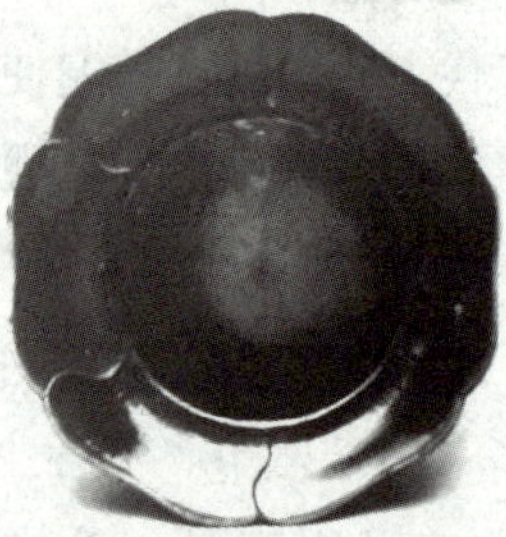

（b）

图1-1-5 漆器

4. 瓷器

我国最具代表性的工艺品首推瓷器（如图1-1-6所示），它几乎成了中国传统文化的象征。瓷器作为一种容器，在我国历史发展中的应用面之广、历史之悠久、影响力之大，都是其他种类容器无可比拟的。严格地讲，科学意义上的瓷器始于东汉，但从陶器到瓷器，中间大约在战国时期经过了半瓷质陶器的过渡过程。到了东汉时期，瓷质日趋纯正，瓷胎较细，釉色光亮，釉和胎的结合日渐完美。我国的瓷器史基本可以分为“青瓷—白瓷—彩瓷”三个阶段。直至今日，瓷器除了被用作工艺品、日用品以外，也是一种常用的具有传统民族风格的包装形式，如白酒、中药的包装等。

(a)

(b)

图1-1-6　瓷器

除了上述主要形式以外，金银器、石器、玉器、木器、琉璃等都曾作为容器被人们使用，如图1-1-7和图1-1-8所示。

图1-1-7　唐代金器图

图1-1-8　欧洲酒桶

在使用容器方面，不同的文明却有着大致相似的经历。但是每一种文明都有独特的一面，像古埃及人早在公元前3000年就开始以手工方法烧制玻璃器皿来盛装物品；古希腊人则非常擅长使用石材；古代欧洲有广袤的森林，人们对木材的使用很擅长，很早就用木板箍桶来酿酒，甚至能造出像特洛伊木马那样巨大的容器。

二、形式与功能结合的天然包装材料

相传，在战国时期，人们为了在端午节这一天纪念伟大的爱国诗人屈原，创造出一种独特的食品——粽子（如图1-1-9所示）。人们用清香的箬叶包裹糯米，将其包为独特的三角形，外边再用彩线捆扎，非常美观。在蒸煮过程中，箬叶的天然清香渗透到糯米中，形成了独特的风味，这种形式与功能完美结合的食品一直流传至今，由此可见其包装形式的生命力。

图1-1-9　粽子

在我国古典文学名著《水浒传》第三回“鲁提辖拳打镇关西”一文中，描写了屠夫镇关西用荷叶来包装切好的肉馅的场面，不过最后鲁智深将整包肉馅甩到了他的脸上。由此可见民间用天然的荷叶包肉已有很久的历史，这无疑是一种科学有效的保存食物的手段。柳宗元也曾在诗中描写道“青箬裹盐归峒客，绿荷包饭趁虚人”，这便是对当时民间包装材料应用的真实写照。

我国有句俗语：“不知葫芦里卖的什么药。”由此可知，用葫芦装药盛酒，在古代曾被普遍应用。如图1-1-10所示，葫芦外壳坚硬，保护性好，能起到良好的抗腐防潮作用。其外形美观，而且便于携带。在现代，葫芦作为包装材料已很少被使用，但因其为人喜爱的造型特点，仍常被应用到商品包装设计中。

图1-1-10　葫芦

竹、藤、草也普遍被当作包装材料使用。它们的起源应当早于陶器，但由于这些材料易腐，很难有更早期的实物被保存下来。20世纪五六十年代，在浙江吴兴钱山漾的新石器时代遗址中，出土了大量的竹编。因为太湖周围的环境在原始社会非常适合竹藤生长，因此，此地可能是当时竹编的重要生产区。在200多件文物中，有篓、篮、簸箕、谷萝、竹席、农具等很多品种。如图1-1-11所示，竹编大都使用经加工、刮光过的篾条编出人字纹、梅花纹、菱格纹、十字纹等各种花纹，这表明人们很早就已注意到将实用与美观相结合。在明代《万历野获编》中，对易碎品包装的记载很绝妙：“初卖时，每一个器内纳沙土及豆麦少许，数十叠辄牢缚成一片，置之湿地，频洒以水。久之，则豆麦生芽，缠绕胶固，试投荦确之地，不损破者以登车。”这种方法将植物的特性在包装设计上运用到极致，充满了智慧，令人叫绝。

图1-1-11　清代竹编花篮

除了上述材料，麻、木、皮革等也常被用作包装材料。我国是世界上最早使用丝绸

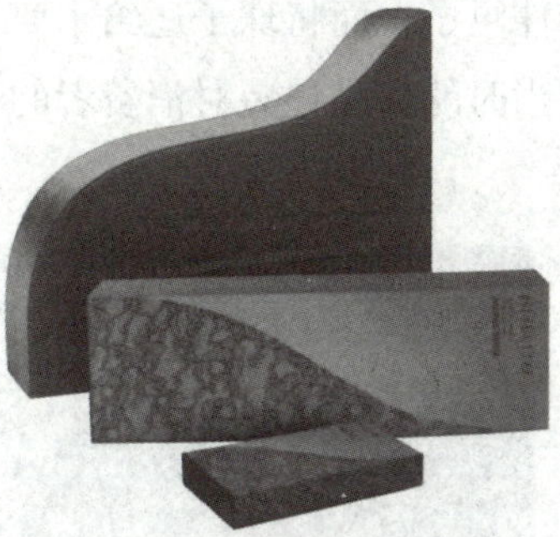

图1-1-12　皮革丝绸包装

的国家，因此丝绸自然也被用作包装材料，如被制成锦袋、锦盒等，如图1-1-12所示。

古代劳动人民通过掌握天然材料的特性，将之合理、科学地应用于包装设计中，其用材的合理、制作的巧妙及装饰造型的美感，充分体现了古人在包装设计中所追求的形式与功能的完美统一，对于今天的包装设计仍然具有很大的启迪和借鉴作用。

在奴隶制和封建制的社会条件下，包装设计处于发展时期。这个时期，在西方国家是从公元前3000年左右至18世纪初；在我国，则是从公元前2000多年的夏代初期至19世纪中叶封建经济开始瓦解为止。早在新石器时代后期，农业和手工业的社会大分工促进了冶炼业的兴起和科学技术的进步，开始出现专门从事商业的商人，并推动了商品交换的发展。出于商品交换的需要，人们对商品包装的设计、制作和研究也进入一个新的阶段。

三、商业出现后包装促销功能的体现

在距今五六千年前的原始社会晚期，我国就出现了商业活动。当生产力发展到一定水平，出现社会分工和产品剩余后，商业活动就自然而然地产生了。《易·系辞》中记载："包氏没，神农氏作……始列廛于国，日中为市，致天下之民，聚天下之货，交易而退，各得其所。"其中，"列廛于国"指的是交易场所，"日中为市"指的是交易时间，这说明当时的商业交换活动比较频繁，并且已有了固定的时间和场所。到了殷商时期，货币首次产生并在交易中被普遍使用，主要以"贝"为货币（如图1-1-13所示）、以"朋"为货币单位。西周时，文王治岐，采取了"关市讥而不征"的免税奖励政策，大大促进了商业的发展，并设立了完善的商业市政机构。春秋时期，形成了咸阳、邯郸、大梁、洛阳、临淄等商业大都市，商人的社会地位也得到提高。

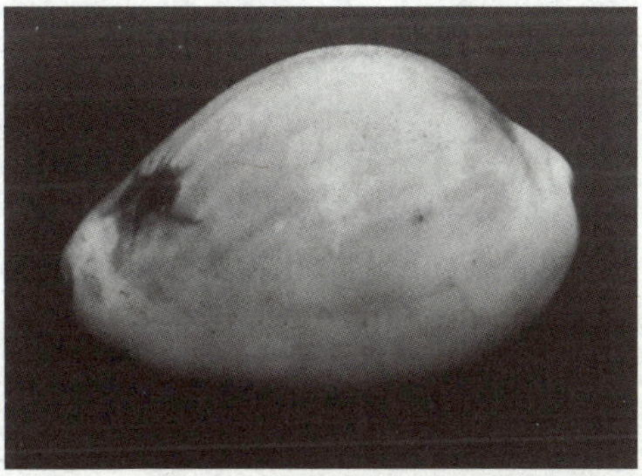

图1-1-13　商代贝壳货币

20世纪六七十年代，在陕西咸阳及河南长葛地区出土的西汉铁器中，许多器物上面铸有"川"（"川"指颍川阳城，今河南登封）字。另外，在北京郊区大葆台西汉古墓出土的文物中，有的铁斧上铸有"渔"（"渔"指渔阳郡，今京郊密云县）字。这些可以看作最早的商品商标。

在我国，包装的使用不会晚于战国时期，因为《韩非子》中就记载了"买椟还珠"

的故事，描述了一个不识货的郑国人以高价买下华丽的装珠匣子，而将珠子还给了商人的故事。这也从侧面说明了当时商业对包装的重视，以及当时的商品包装对消费者的吸引力之大。

欧洲的商业文明则是从地中海沿岸展开的，海运的发达促进了欧洲商业的发展。例如古埃及的玻璃容器及制法很快传到欧洲大陆。古埃及还出现了早期的商品标签，如公元前13世纪的葡萄酒罐和酒壶上，就出现了或拴或贴在罐（壶）体上的文字标贴。在古埃及第十八王朝宫殿内贮藏的酒容器上贴着注有“上等葡萄酒”“特级上等葡萄酒”的标记，用以区分酒的等级，这可能就是酒贴包装的起源。另外，在大英博物馆所藏的古埃及神庙建筑的瓦片上（公元前1450年左右）刻有制造者的名称标记，此类标记还出现在同时期的一些纪念雕刻、手工饰品上（如图1-1-14所示），表明当时的生产者已经开始具备品牌意识。到了古罗马时期，商业的繁荣促使许多商业宣传手段不断涌现，在古庞贝城的遗址中，就可以见到许多这种标记，实际上，就是源于古罗马时期在酒馆招牌上配挂木枝的习惯而得来的。这些都反映了商业的发展对商业促销行为所产生的促进作用。

图1-1-14　古埃及手工饰品上的标记

四、包装技术、材料的进步

造纸术是我国古代四大发明之一。纸的出现逐渐替代了以往成本昂贵的绢、锦等包装材料。《汉书·孝成赵皇后传》中就有用纸包装中药的记载。从此，纸便被运用到食品、药品、纺织品、化妆品、染料、火药、盐等商品的包装中。随着造纸技术的不断改进，开始出现加入染料制成的象征吉祥、喜庆的红色包装纸，以及加入蜡制成的具有防油、防潮功能的包装纸等，图1-1-15所示为古代造纸流程图。

图1-1-15　古代造纸流程图

到了19世纪，造纸技术取得了很大进步，使短时间内大量造纸成为可能。国外最早的制纸机诞生于1803年，是由英国伦敦的制纸业者富德林那兄弟从法国人手中买到专利，并请专家技术人员经过苦心研究和花费了大量金钱才得以制造而成的，其是用亚麻、木棉等作为原材料，通过煮、碎、造浆等步骤来完成制纸的。这时的纸品纸质粗糙，不适宜彩色印刷。

印刷术最早也是由中国人发明的，其发展是从雕版印刷的发明开始的，如图1-1-16所示。在隋唐时期，雕版印刷技术已经相当高超，如在敦煌发现的于868年刻印的《金刚经》（现存最早的雕版印刷品之一），其版面工整，图文并茂，印制精美，体现出印刷技术与版面设计的完美结合。到了宋代，我国雕版印刷达到了鼎盛时期，许多地方形成了大规模的刻印中心，这时期出版印刷了大量典籍。随着商业的发展，还出现了木版刻印的世界上最早的纸币——交子，如图1-1-17所示。

图1-1-16　雕版印刷

图1-1-17　交子

随着印刷技术的传播，1243年，欧洲出现了雕版印刷，其印刷的作品有德国的《圣克里斯托弗》画像等，这比我国的雕版印刷晚了约600年。19世纪初期，玻璃瓶、陶瓷、金属容器、纸板盒、包装纸等包装形式都要在其外部突出商品的品牌形象，起到引人注意、传达商业意图、提高商品附加价值的作用。包装技术迅速结合了进入全盛时期的印刷技术，精美的彩色印刷被应用于纸盒包装上。例如，美国某洗涤剂厂在产品包装上使用了精美的彩色插图，有些人热衷于收集这样的包装，且对其关心程度竟超过了商品本身。

五、包装产业化的形成

随着人类科技的进步，特别是欧洲工业革命以后，商业的流通手段得到了迅速发展，远洋运输、铁路运输的出现，以至公路、航空运输的发展，使商品流通的范围扩大到全世界。在这种情形下，包装必须形成产业化，才能配合商品流通的需要和销售方式的日渐变化。

英国某品牌的茶包装被公认为现代包装的先驱。中国的茶是在17世纪后半叶传入英国的，一经传入，立刻成为上层人士的奢侈品，饮用来自中国的红茶成为当时高贵时尚的活动。但由于中国路途遥远且茶叶不易运输，有人建议在印度种植茶树。1823年，人们偶然在印度东北部发现了自然生长的茶，这样，印度的茶通过东印度公司被大量运回英国，茶的价格变得便宜了，普通大众也有能力购买。当时，伦敦的茶商为了促使普通大众前来购买，想尽了各种办法。

某品牌茶商借鉴了当时市场上火腿、腌肉、黄油、鸡蛋等因分块包装而便于销售的经验。在当时，每磅茶要3先令，这对于一周只有2镑左右收入的一般家庭来说，还是有些昂贵。于是，该品牌茶商将茶分为1磅、1/2磅、1/4磅的规格用袋分装，并统一使用经过精心设计的包装袋。这些包装上突出了品牌的商标，并且使用了“从茶园直接到茶瓶”的广告语进行宣传。这种包装方便了消费者购买，并为商品树立了良好的品牌形象，很快便得到消费者的认同而取得了销售成功。在1900年以前，大部分茶还是散装出售，但在1900—1914年，英国食品杂货店中的大部分商品不再以散装形式出售，而是基本上都有了自己的包装。

1860年，美国人爱默生编写了《生活指南》一书，这是一本较早谈到有关商品包装的图书。在这本书中，他提到当时的商人已经注意到在运输过程中存在着商品破损的问题，于是产生了以保护商品安全为功能的包装。

19世纪末，美国贯穿东西的铁路运输带动了整个铁路沿线的商业发展，铁路也成为美国东部与西部之间商业流通的主要手段。1871年，美国人琼斯申请了瓦楞纸的发明专利。瓦楞纸重量轻、成本低，具有良好的保护性，成型简便，而且可折叠，仓储及运输成本都很低。20世纪初期，瓦楞纸箱包装撼动了传统的木箱包装行业的霸主地位，木箱包装行业被迫联合铁路部门，对瓦楞纸箱的使用制定了苛刻的限制条件，但是在生死存亡的关头，瓦楞纸箱生产厂家团结一致诉诸法律，经过艰苦的诉讼，最终赢得了胜利，这就是包装发展史上著名的洛杉矶“普赖德哈姆案件”，它对包装产业的健康发展起到良好的促进作用。

工业革命以后，机械化生产逐步取代了传统的手工作坊生产，包装机械的应用使包装更加标准化和规范化，各国还相继制定了包装工业标准，以便于包装在生产流通各环节的操作。

六、包装形态的不断丰富

1. 金属材料包装的发展

用金属材料作为包装的想法在200多年以前就诞生了。在1795年，拿破仑为了军队远征的需要，出重金悬赏能够想出长时间保存食品方法的人。自那以后，金属包装的开发不断取得新进展，制造业在19世纪进入快速发展期。1810年，杜兰德发明了用金属罐保存食品的方法。起初，由于受到生产工艺和成本的限制，金属包装并没有迅速普及。到了美国内战期间，出于军队的需求和人们为了储存食品以备战乱的需要，金属罐才得以被广泛使用。

随着工艺的进步，金属材料应用的范围也在扩大。1841年，美国肖像画家佩洛罗德用挤压法制造金属管装颜料，这种技术随后被大量运用。到了1892年，某品牌将牙膏首次装入金属软管，并很快被消费者接受。1868年，彩色印铁技术得以发明，金属材料包装的形象焕然一新。随着印刷技术的发展，印铁技术也更上一层楼。在1810年时，一个工人一天能生产约60只镀锡铁罐；1846年，恩利·埃坡士发明了一天能生产600只铁罐的机器；1870年，英国建立了最早的金属罐生产工厂，开始大规模机械化生产。现在，最先进的加工厂一天可生产近100万只铁罐，仅欧洲就有年产320亿只铁罐以上的生产能力。

铝制包装的出现是金属包装技术上的又一大飞跃，它的柔软性好、重量轻，只有铁皮的1/3重，光泽度也好。在20世纪30年代，许多日用品（如牙膏、面膏、胶水、鞋油等）和食品（奶酪、炼乳等）都开始采用铝制软管作为包装。1963年，易拉罐铝罐诞生，由于其使用的便捷性、成本的经济性而大大地促进了罐装啤酒和饮料业的发展。

2. 纸盒包装的发展

19世纪初期，杂货商在零售时经常给食品掺假或缺斤少两，因而常常引起民愤。一个名叫约·霍尼曼的厂商负责人，把混合茶在出厂时就包装好，并在包装上印上他的名字和厂址，避免了上述问题的发生，这是厂家包装问世的开始。

19世纪中叶，英国、法国等国家和美国市场上的纸盒包装已经普及。这主要是因为纸盒包装成本低，制作工艺相对简单，而且包装上可以印精美的图案，宣传效果好。瓦楞纸的出现，也使纸质包装的应用领域扩大到运输用的外包装中。在发展过程中，人们逐渐克服了纸质包装防油、防潮性差的缺点，生产出适合商品特性的特种纸张。1897年，美国开始出现经过涂蜡处理的饼干纸盒包装。20世纪50年代，瑞典的一家公司运用与塑料复合制成的纸来包装牛奶，包装呈三角形，造型新颖，饮用方便。随后，英国在此基础上，把包装形态改成方砖形，这种包装很快取代了传统的玻璃瓶，而且被用来包装果汁、饮料等其他液态产品。

纸盒包装在成型上非常简便，在形态上可随着市场的需求而变化（如包装上使用天窗、便于携带的手提式结构、硬盒翻盖包装等）。尤其是随着售卖方式的改革，纸盒包装形态也出现了很大变化，比如，出现了更适合于超市销售的陈列式包装、快餐包装、个性化专卖店商品包装等。

3. 玻璃包装的发展

玻璃起源于古埃及，早在公元前16世纪，古埃及人就发明了以石英石为原料、用热压法生产玻璃容器的方法。公元前1世纪，罗马人发明了吹制玻璃（如图1-1-18所示）的方法，并创造出“浮雕玻璃工艺”。这种吹制技术在汉代从罗马传入我国，到了明代，我国已经能大量生产玻璃器皿。玻璃瓶则早在公元300年就在罗马的普通家庭中得到使用。1804年，法国人阿佩尔发明了用玻璃瓶保存食品的方法。到19世纪后半叶，在商店、杂货店中出售的许多商品都使用玻璃瓶作为包装，如从1884年开始，牛乳开始使用玻璃瓶进行灌装生产。早期玻璃酒瓶如图1–1–19所示，玻璃瓶作为酒的包装，尤其是葡萄酒的包装已有很长的历史。1903年，欧文斯成功地研制出全自动玻璃制造机械，使廉价瓶装酒的大规模生产成为可能。20世纪后期，玻璃制造的新技术（如钢化玻璃、浮雕工艺、喷砂工艺、彩绘工艺等）不断出现，为酒类、化妆品、食品等的包装容器带来了更美观的形态。

图1–1–18　罗马吹制玻璃

图1–1–19　早期玻璃酒瓶

1936年，法国塑料薄膜的热成型法成为肉类食品的热收缩包装技术，后来结合抽真空技术，延长了肉类食品的保质期。随着塑料成型技术的进步，塑料薄膜凭借成本优势和不易碎等特点，逐渐取代了玻璃包装。此外，原先的金属可挤压软管也逐渐被塑料软管取代。1945年，发泡聚氨酯被开发出来，并被当作缓冲材料被大量地应用于包装中。此后，塑料材料不断改进。20世纪90年代以来，尽管塑料包装材料一直存在着严重的环境污染问题，但从近年来发布的相关数据来看，塑料在包装工业中仍是需求增长最快的材料之一。

4. 环保型包装的发展

21世纪初，随着世界经济的日益发展，高科技不断创新，产品日新月异，日用品包装、食品包装、工业包装等都被赋予更高的要求。同时，随着环保呼声日益高涨，在满足包装功能的前提下，为了尽量减少垃圾的产生量，包装工业呈现出包装薄膜、容器、片材向轻量化、薄壁化发展的趋势，环保型包装如图1–1–20所示。特别是聚乙烯、聚丙烯的开发进一步提高了软包装结构的许多性能（如韧度、透明性、阻渗性、耐热性和抗穿刺性等），并可降低热封温度、改进加工工艺、提高包装生产线速度等。聚乙烯食品包装膜的特点之一是可以控制氧

图1–1–20　环保型包装

气、二氧化碳及水蒸气的渗透率，大大延长了食品的货架寿命。

被誉为“明日塑料之星”的塑料共混物、塑料合金、无机材料填充增强的复合材料，在20世纪发展的基础上，通过基础研究和应用研究两方面的共同努力，其生产和加工技术获得进一步提高和完善，产品性能得到改进并形成系列化，功能方面也取得更大的进展，对提高塑料包装质量、附加价值和环保性能及开发新产品将产生更大的影响。

任务评价

包装的历史与渊源评价表如表1-1-2所示。

表1-1-2　包装的历史与渊源评价表

评价项目	具体要求	评价			
		优秀	良好	需改进	建议
包装设计	（1）包装的原始形态				
	（2）形式与功能相结合的天然包装材料				
	（3）商业出现后包装促销功能的体现				
	（4）包装技术材料的进步				
	（5）包装产业化的形成				
	（6）包装形态的不断丰富				
学生自我评价	（1）能按照要求进行训练				
	（2）分析能力强，有合作意识				
	（3）发挥积极的作用				
小组活动评价	（1）团队合作良好				
	（2）训练中相互帮助				
	（3）对团队有贡献				
	（4）对团队成果满意				
收获		个	个	个	

任务二　中外包装设计的发展历程与未来

任务目标

当前国际、国内市场变化日新月异，产品不断更新，消费者的实用需求与精神需求不断提高，销售领域的竞争日趋激烈，商品流通的范围日益扩大，新材料、新工艺不断开发，这些因素既对包装设计提出了许多新的要求，又为包装设计提供了许多有利条件。在这种形势下，我国包装设计事业正在蓬勃地向前发展。

在21世纪，现代包装设计的趋势指向全球性的环保原则；同时，日益从重现功能性、合理性转移到重视情感、人性化的方面。工业时代转化到信息时代之后，情感交流上的匮乏是人们需要解决的重要问题。因此，包装设计不仅要适应基本的功能性，而且要从人的生理及心理的舒适、协调方面出发，努力追求人和物成一体的人、机、环境系统的平衡与一致。注重包装结构，注重包装色彩、文字、图形及其编排形式等视觉传达要素与消费者的亲和关系，从而使消费者获得生理上的舒适感和心理上的愉悦感，这是现代包装设计的必然趋势。

任务要求

了解我国包装设计的发展趋势和包装设计对全球经济和社会发展做出的贡献。发掘影响包装设计发展的重要因素，充分了解包装新形态的发展因素。

任务驱动

一、中国包装事业的发展

1840年鸦片战争以后，我国虽然也引进了一些西方的包装设计制作技术和现代印刷术（如珂罗版、胶版印刷等），但包装设计事业的发展仍十分缓慢。1949年中华人民共和国成立，为我国包装设计事业的发展开辟了广阔的前景。1956年，我国成立了第一所培养工艺美术人才的高等学府——中央工艺美术学院。中央工艺美术学院设有包装装潢设计专业，此后，为我国培养了大批包装设计人才。随着国内经济建设、文化建设的开展和人民生活水平的逐步提高，我国的包装事业在设计、生产、科研和人才培养方面都有了较快的发展与进步。

在1980年和1981年，我国先后成立了中国包装技术协会和中国包装总公司。1981年3月，中国包装技术协会所属的设计委员会在北京成立。1982年9月，中国包装技术协会和中国包装总公司在北京联合举办了首届全国包装展览会，展出了3.6万件展品，比较集中地反映了我国包装事业的发展和包装设计水平。此后，中国包装技术协会所属的设计委员会又在各地区建立领导小组，并开展了多种形式的交流活动，定期举办各地区的包装设计展览，设立了“华东大奖”“中南星奖”“西南星奖”“华北大奖”等奖项，推动了全国各地包装设计事业的发展。

20世纪80年代以来，随着我国社会主义市场经济的发展，包装工业迅速发展，一些主要的包装制品（如塑料编织袋、纸箱、软复合包装、金属桶、纸复合罐等，如图1-2-1和图1-2-2所示）产量已在世界名列前茅，承担着数万亿元国内商品和上千亿美元出口商品的包装任务。在包装材料、包装容器和包装器材的生产方面，我国从只能生产一些简单包装商品的水平，发展为包括纸制品、玻璃制品、金属制品、包装印刷、包装机械等门类较齐全的包装产业，具备了生产国际流行商品的技术能力。

图1-2-1　20世纪80年代磁带包装

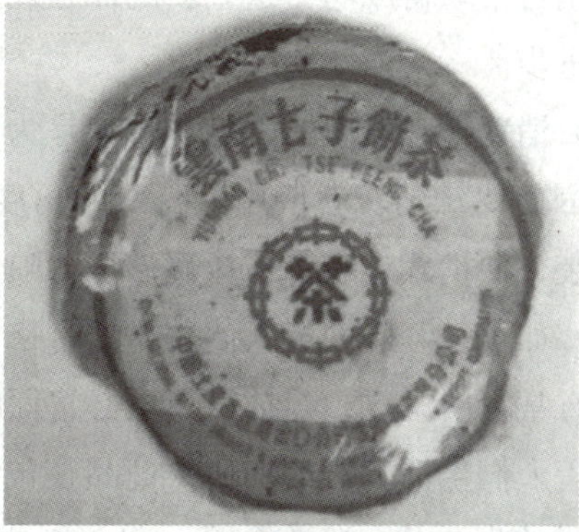

图1-2-2　20世纪80年代饼茶包装

二、欧美国家包装事业的发展

工业革命又称产业革命，自18世纪60年代从英国开始，19世纪便席卷了整个欧洲，是一个由手工业生产到机器工业生产的变革过程。随着商品经济的发展和市场交易的扩大，包装成为商品流通中一个不可或缺的环节。包装作为销售性媒介，改变了以往单纯贮存物品的静态特征，被赋予新的使命。产业革命之后，随着生产技术的提高，大量的商品充斥在市场中，推动了市场营销方式的改变，为增强商品的竞争力，要求包装从材料的选择到结构、造型和装潢的设计都要精益求精。在1929—1933年的世界经济危机期间，市场经济萎缩，为了促进商品销售，包装引起了厂商的重视，他们希望借助商品包装及广告媒体打开产品的营销市场。第二次世界大战之后，为争夺商品，市场的斗争也进一步激化。20世纪40年代，美国进入超级市场的大发展时期，直接刺激了商品包装事业的迅速发展，使包装不仅成为商品销售的媒介，而且成为市场竞争的有力武器。国际贸易的迅速增长，推动了包装材料、包装技术、包装机械的不断改进，也促进了包装设计思想的不断更新。

三、影响包装设计的因素及未来发展趋势

1. 影响包装设计发展的重要因素

包装设计的发展过程就是包装形态的发展历程，每一个时期的包装都有鲜明的时代烙印。包装形态的发展，反映出人类文明与科技的进步。新产品的产生、消费形态的改变、商业流通的发展、新材料的涌现、制作工艺和技术的改进、市场营销的发展等，都会促使新的包装形态出现，甚至人们的生活观念、审美情趣的改变也会对包装形态产生

影响。

（1）新产品技术需求的因素。随着社会的进步，新产品不断出现，对包装设计本身也提出了新的挑战。如何保护、保存这些产品？如何让它们安全地进入流通领域？如何在商业销售中取得成功？这些新的课题促进了包装结构、材料、视觉传达等方面的不断更新与进步。

（2）消费形态发展的因素。包装是为消费者服务的，消费形态对包装设计有重要的影响，因此要从消费者使用、喜好的角度来考虑。从20世纪包装形态的发展来看，陈列式包装、便携式包装、易拉罐、压力喷雾包装、真空包装等，都是为满足消费需求而研发的。如今，互联网给人们的生活带来了极大的方便，网上交易、网上购物等已成为人们的日常消费方式，包装设计也必将面临更大的改变。

随着人们生活节奏的加快，商品在包装上要更加体现出便利性和简洁性，尤其是食品，大量的半成品、冷冻食品、熟食制成品、微波食品涌现出来，包装也随之在结构、材料、功能上发生变化。例如，随着微波炉的普及，微波食品也越来越多，这促使冷冻食品和蒸煮食品的形态日趋多样化，所以使用便利、可以直接微波加热的各种包装材料不断出现。

（3）流通发展的因素。贸易的国际化是现代社会经济发展的特点，包装设计行业也要适应这种国际发展的趋势，使商品包装更便于运输，且使商品保质时间更长。

（4）市场营销发展的因素。市场营销是立足于消费心理的销售科学。在激烈的市场竞争中，由于科技的进步和市场的逐步规范，消费者仅从商品质量上已经很难分出高低，在这种情况下，商家只有找到自己商品的特性，才能促使消费者购买。

2. 包装设计未来发展趋势

20世纪90年代后，科技的发展创建了新的市场秩序，随着流通比率的增加，环境的负荷量也随之加大。环境保护成为地球人关注的热点，包装设计被披上了浓重的环保色彩。欧洲包装提倡“绿色主义”，因为“绿色食品”“绿色包装”的呼声越来越高，为尽量避免包装可能带给人类的副作用，以及节省天然资源和减少资源消耗，各发达国家纷纷制定改革政策，采取措施，如要求包装符合4R原则：减少材料用量（Reduce），增加大容器再填充量（Refill），回收循环使用（Recycle），能量再生（Recover）。这些相关的政策集合了今后包装设计的新导向。

任务评价

中外包装设计的发展历程与未来评价表如表1–2–1所示。

表1-2-1　中外包装设计的发展历程与未来评价表

评价项目	具体要求	评价			
		优秀	良好	需改进	建议
包装设计	(1) 中国包装事业的发展				
	(2) 欧美国家包装事业的发展				
	(3) 影响包装设计的重要因素及未来发展趋势				
学生自我评价	(1) 能按照要求进行训练				
	(2) 分析能力强，有合作意识				
	(3) 发挥积极的作用				
小组活动评价	(1) 团队合作良好				
	(2) 训练中相互帮助				
	(3) 对团队有贡献				
	(4) 对团队成果满意				
收获		个	个	个	

任务三　包装设计的目的、功能与品牌文化

任务目标

通过对包装的解释和对其定义的分析，结合包装发展的历史，可以将包装的功能分为三个方面，即物理功能、生理功能和心理功能。

设计过程要遵循品牌设计的基本原则，将品牌的视觉符号最大限度地融入包装设计上， 运用包装进行品牌销售，通过包装体现品质，通过包装进行品牌传播。

任务要求

了解包装设计的目的，包装的物理功能、生理功能和心理功能，包装设计与品牌文化。

任务驱动

一、包装设计的目的

商业包装通常是以一件商品为一个销售单位的方式来进行包装的，其目的是体现商

品的价值，激发消费者的购买欲望，提高销售量，因此要以消费者为对象来进行设计。图1-3-1所示酒的包装设计就属于商业包装中的一种。

图1-3-1　酒的包装设计

工业包装是指生产原料运输过程中所使用的容器，以及商品在仓储、运输、销售环节中所使用的包装等，其主要目的是使商品免受外力的损坏，并适应现代物流行业的需求，一般都可以重复使用。工业包装通常外观设计简洁，并注重可操作性、简便性、经济性和牢固性等因素。

二、包装设计的功能

1. 物理功能

包装的物理功能主要体现在保护商品上，这也是包装最基础的功能。一件商品要经过多次流通，才能走进商场或其他场所，最终到达消费者手中，这期间需要经过装卸、运输、库存、陈列、销售等环节，但在储运过程中，有很多外因（如撞击、潮湿、光线、气体、细菌等）会威胁到商品的安全。因此，包装必须保证商品不受各种外力损伤。另外，方便运输装卸、仓储陈列、生产加工、包装废弃物的处理也是包装物理功能的重要体现。总体来说，在物理功能方面，包装是包裹、捆扎、盛装物品的手段和工具，也是一种操作活动。科学、安全地保护商品是物理功能的基本要求，起到“无声卫士”的作用；经济、方便的便利功能是对物理功能的附加要求，起到“无声助手”的作用。

2. 生理功能

包装的生理功能主要体现在为使用者带来的安全和便利上。优秀的包装应该是符合人体工程学结构的，以方便消费者开启、收藏、携带和使用，而且包装的设计对使用者应该是绝对安全的。包装的生理功能还体现在商品的易辨识性和品牌的易记忆性方面。在包装中运用的色彩、主题和文字，可以使商品更加醒目，容易脱颖而出。一个好的包装作品应该以人为本，即站在消费者的角度考虑，这样会拉近商品与消费者的距离，提高消费者与企业之间的沟通效率。生理功能也属于商品的基本要求。

3. 心理功能

在满足产品的基本要求之后，包装的重要性更多地体现在心理功能上。现代包装的一个最重要的目的就是促进商品销售，面对同质化商品竞争激烈的形势，包装功能更要侧重于销售功能及品牌形象的提升。要想让商品从琳琅满目的货架中脱颖而出，包装不仅要给产品一件既安全又漂亮的外衣，而且需要给予消费者视觉上的愉悦和超值的心理感受，才能达到“包装是‘沉默的商品推销员’”的目标。包装的心理功能还体现在对企业文化形象、商品品牌内涵的增强上，即能够反映企业精神和文化精髓。随着商品经济的发展，包装将不仅仅是一个漂亮的容器，而是一种新的文化趋向。

三、包装设计与品牌文化

1. 通过视觉要素突出品牌特征

包装设计将品牌商标、文字信息、图案、造型、材料等多项要素根据不同的目的有机地组合在一起，是一项综合的系统工作。在具体的包装设计中，包装上的图文内容必须信息明晰、内容规范，起到直接推销品牌的作用，只有这样，才不会对消费者造成误导，使品牌受到不良影响。设计风格要能代表品牌形象的专用色彩，并适当结合能够烘托品牌形象的色彩，使消费者产生一定的视觉反射，能够快速地通过色彩来感知品牌。

2. 运用包装进行品牌销售

通常情况下，消费者只需根据包装上的图文介绍就可以了解商品信息，从而决定购买与否。所以，包装设计需要突出以下几个方面。

（1）考察商品陈列的环境，在包装的色彩、图案、造型等方面突出品牌的视觉冲击力，以区别于同类产品，最终脱颖而出。

（2）从品牌定位、品牌个性化方面着手，明确目标受众，选择合适的渠道，从而决定包装设计风格，以突出品牌及商品优点等消费者关注的重要信息。

（3）考察销售渠道和价格差异，使包装更具品质感、美感和附加价值，以提升品牌的知名度和美誉度。

3. 通过包装体现品质

消费者往往会根据包装设计的优劣对商品的品质进行判断，并会对商品所属品牌产生连带效应，认为品牌的价值等同于商品品质。高端品质的商品使用劣质包装，会使人怀疑产品的质量是否可靠；低端品质的商品使用华贵包装，则会让人觉得受到欺骗。因此，包装设计必须能够正确地体现出品牌的品质，并加以适度优化，才能赢得消费者的信任。

4. 通过包装进行品牌传播

对于陈列在货架上的商品，包装是其无声的广告，商品通过包装与消费者零距离接触，是其实现品牌价值的第一步，消费者则是它的受众。在琳琅满目的商品中，品牌通过商品包装被消费者感知并认可，随着商品的质量、品位被逐渐接受和喜爱，品牌也就深深地植入消费者的心里。只有当包装设计完美地体现出品牌价值、品牌文化、品牌品质、品牌实力、品牌诱惑力的时候，才能更有效地发挥品牌传播渠道的作用。品牌建设是一个长期的过程，是一个必不可少的环节，更是一个不可替代的要素。

任务评价

包装设计的功能评价表如图1-3-1所示。

表1-3-1　包装设计的功能评价表

评价项目	具体要求	评价			
		优秀	良好	需改进	建议
包装设计	(1) 包装设计的目的				
	(2) 包装设计的功能				
	(3) 包装设计与品牌文化				
学生自我评价	(1) 能按照要求进行训练				
	(2) 分析能力强，有合作意识				
	(3) 发挥积极的作用				
小组活动评价	(1) 团队合作良好				
	(2) 训练中相互帮助				
	(3) 对团队有贡献				
	(4) 对团队成果满意				
收获		个	个	个	

任务四　包装设计的特征与原则

任务目标

包装设计应当具有人性化特征。商品和商品包装虽然可以分开，但在实际的销售过程中，二者却是不可分割的整体。在进行商品包装设计的时候，必须充分考虑使用者的因素，使其不仅要具备包装的基本功能，而且要有对与产品相关的人性化考虑。在包装所体现的信息方面和具体使用方面，需要设计者多站在消费者的角度来考虑，以达到人性化设计的目的。

任务要求

了解包装设计的物理功能、生理功能和心理功能。包装设计的功能突出人性化特征，人性化特征的包装设计要求考虑信息和使用两方面的要素。我国对包装设计的总原则是科学、经济、牢固、美观、适销。

任务驱动

一、包装设计的功能突出人性化特征

1. 包装设计的物理功能

包装是为了保护商品不受损坏，同时是为了保护使用者不会受到伤害。如果商品没有包装，就会在搬运或者携带过程中带来极大的不便，甚至让使用者受伤，所以包装实际上也有保护商品使用者的作用。

2. 包装设计的生理功能

包装可以为使用者带来方便，包括储运方便、销售方便、使用方便。例如，很多包装都会设计成方形，其优点在于可以大批量地进行运输和堆放，给运输过程和消费者带来方便。

3. 包装设计的心理功能

包装设计的心理功能指满足人的心理需要，同时是一种展示功能。例如，通过商店这种特殊环境，可以把商品展示出来，这就要借助包装的美化功能，尽量展示商品的优点，令消费者认为商品是优秀的、值得信赖的，从而产生购买行为。

综上所述，商品包装设计是为人服务的，只有适应人的需求，包装才有存在的价值。在进行商品包装设计过程中，设计者必须首先了解商品销售的目标受众具有的特点，考虑什么样的包装才能够为他们带来方便和享受，从而才能设计出被受众认可并喜爱的商品包装。

二、人性化特征的包装设计要求

人性化的包装设计要注意提升人的价值，尊重人的自然需要和社会需要。在具体的设计过程中，主要考虑以下要素。

1. 信息方面

包装在展示商品信息方面需要具备易识别的标识，易懂的说明、图示，通过接触、抚摸即能准确判断商品包装设计。

2. 使用方面

包装在使用过程中应该易开启、易关闭，方便携带，易使用，用后易处理。设计者要站在使用者的角度，设身处地为他们考虑，充分利用人性化的特点，才能够设计出好的包装。

三、包装设计要求与原则

包装设计的范围包括造型设计、装潢设计等几个方面。我国对包装设计的总原则是

科学、经济、牢固、美观、适销。这个总原则是围绕包装的基本功能提出来的，是对包装设计整体上的要求。

(1) 包装装潢设计侧重于传达功能和促销功能，应符合以下四项基本要求。

① 引人注目。

② 易于辨认。

③ 具有好感。

④ 恰如其分。

(2) 包装装潢设计具有艺术和使用的两重性。

① 艺术性与商业性。

② 艺术性与科学性。

③ 艺术性与功能性。

④ 艺术性与时效性。

任务评价

包装设计的特征与原则评价表如表1-4-1所示。

表1-4-1 包装设计的特征与原则评价表

评价项目	具体要求	评价			
		优秀	良好	需改进	建议
包装设计	(1) 包装设计的功能突出人性化特征				
	(2) 人性化特征的包装设计要求				
	(3) 包装设计要求与原则				
学生自我评价	(1) 能按照要求进行训练				
	(2) 分析能力强，有合作意识				
	(3) 发挥积极的作用				
小组活动评价	(1) 团队合作良好				
	(2) 训练中相互帮助				
	(3) 对团队有贡献				
	(4) 对团队成果满意				
收获		个	个	个	

任务五 商品包装分类

任务目标

包装可以从不同方面进行分类，如商品内容、商品性质、包装形状、包装材料、包装技术、包装风格等。

任务要求

了解按照商品内容、商品性质、包装形状、包装材料、包装技术、包装风格分类的特点。

任务驱动

一、按照商品内容分类

按照商品内容分类，包装可分为日用品类、食品类、烟酒类、化妆品类、医药类、文体类、工艺品类、化学品类、五金家电类、纺织品类、儿童玩具类、土特产类等。

二、按照商品性质分类

按照商品性质分类，包装可分为销售包装、储运包装、特殊用品包装等。销售包装又称商业包装，直接面向消费者，可分为内销包装、外销包装、礼品包装、经济包装等；储运包装是以商品的储存或运输为目的的包装，主要在厂家与分销商、卖场之间流通，便于商品的搬运与计数；特殊用品包装是指军需用品等包装。

三、按照包装形状分类

按照包装形状分类，包装可分为个包装、中包装、大包装。个包装也称内包装或小包装，是与产品亲密接触的包装，是产品走向市场的第一道保护层。个包装一般都是陈列在商场或超市的货架上，最终和产品一起卖给消费者。中包装主要是为了增强对产品的保护和便于计数而对产品进行组装或套装。大包装也称外包装、运输包装，因为它的主要作用也是保证产品在运输中的安全，且又便于装卸与计数。大包装的设计比较简单。一般在设计时，要标明产品的型号、规格、尺寸、颜色、数量、出厂日期等，再加上小心轻放、防潮、防火、堆压极限、有毒等视觉符号。

四、按照包装材料分类

不同的商品，考虑到它的运输过程与展示效果，所用的包装材料也不尽相同，如纸包装、金属包装、玻璃包装、木包装、陶瓷包装、塑料包装、棉麻包装、布包装等。图1-5-1和图1-5-2所示分别为塑料包装和纸盒包装。

图1-5-1　塑料包装

图1-5-2　纸盒包装

五、按照包装技术分类

按照包装技术分类，包装可分为防水包装、缓冲包装、真空包装、压缩包装、通风包装等。图1-5-3所示为缓冲包装。

图1-5-3　缓冲包装

六、按照包装风格分类

按照包装风格分类，包装可分为传统包装、卡通包装（如图1-5-4所示）、怀旧包装（如图1-5-5所示）等。

图1-5-4　卡通包装

图1-5-5　怀旧包装

任务评价

商品包装分类评价表如表1-5-1所示。

表1-5-1　产品包装分类评价表

评价项目	具体要求	评价			
		优秀	良好	需改进	建议
包装设计	（1）按照商品内容划分，有哪几种商品包装				
	（2）按照商品性质划分，有哪几种商品包装				
	（3）按照包装形状分类，有哪几种商品包装				
	（4）按照包装材料划分，有哪几种商品包装				
	（5）按照包装技术分类，有哪几种商品分类				
	（6）按照包装风格分类，有哪几种商品包装				
学生自我评价	（1）能按照要求进行训练				
	（2）分析能力强，有合作意识				
	（3）发挥积极的作用				
小组活动评价	（1）团队合作良好				
	（2）训练中相互帮助				
	（3）对团队有贡献				
	（4）对团队成果满意				
收获		个	个	个	

项目二

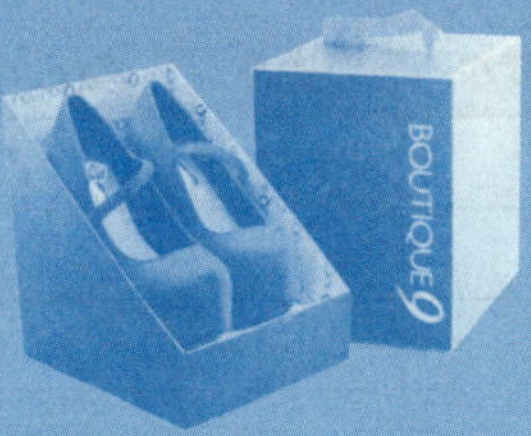

包装设计流程

项目导读

一个完整的商品包装是怎样产生的？一个玻璃瓶，一个纸袋，一个金属罐，看似简单，但从看似与包装无关的商品定位和市场调研开始，到最后人们在市场上看到的包装，其实经历了一段曲折而又秩序井然的过程。包装设计不只是要考虑视觉效果的表现，更是一项要注重科学性、实用性、商业性及团队合作的活动。本项目将对此做详细的介绍，以有助于实际设计工作的展开与团队合作能力的提高。

任务一　商品定位分析与市场调研

任务目标

通过对商品定位的分析与市场调研，制订合理的包装设计方案，并突出品牌形象。

任务要求

考察商品概念的可解释性与传播性；对同类商品的市场开发度进行分析；对商品属性定位与消费者需求的关联进行分析；对消费者的选择购买意向进行分析。

任务驱动

一、商品定位分析

1. 了解商品本身的特性

如商品的重量、体积、强度、避光性、防潮性及使用方法等，不同的商品有不同的特点，这些特点决定着包装的材料和方法应符合商品特性的要求。

2. 了解商品的使用对象

由于顾客的性别、年龄及文化程度、经济状况的不同，他们对商品的认购存在差异，因此，商品必须具有针对性。而掌握了该商品的使用对象，才有可能进行定位准确的包装设计。

3. 了解商品的销售方式

商品的销售方式有许多种，最常见的是超市货架销售。此外，还有不进入商场的网络销售及直销等，这也意味着不同销售方式所采取的包装形式应该有所区别。

4. 了解商品的相关经费

商品的相关经费包括产品的售价、包装及广告预算等。对经费的了解直接影响着预算下的包装设计，而每一个委托商都希望以较少的投入获取更多的利润，这无疑是对设计师的巨大挑战。

5. 了解商品包装的背景

商品包装的背景主要体现在如下方面：一是委托人对包装设计的要求；二是该企业有无企业形象识别计划（即CL计划），要掌握企业识别的有关规定；三是明确该产品是新产品还是换代产品，所属公司旗下的同类产品的包装形式等，以便制定正确的包装设计策略。

二、进行市场调研

市场调研是设计过程中的一个重要环节，它能使设计师掌握许多与包装设计相关的信息和资料，更有利于制定合理的设计方案。市场调研包括以下几点。

1. 了解商品市场的需求

从市场营销的理念来说，顾客的需求和欲望是企业营销活动的中心和出发点。设计者应该依据市场的需求，发掘出商品的目标消费群，从而拟定商品定位与包装风格，并预测出商品潜在消费群的规模及商品的货架寿命。

2. 了解包装市场的现状

根据现有的包装市场状况进行调查分析（包括听取商品代理人、分销商及消费者的意见等），归纳总结出最受欢迎的包装样式，了解商品包装设计的流行性现状与发展趋势，并以此作为设计师评估的准则。

3. 了解同类商品的包装

及时掌握同类竞争商品的商业信息，对于设计师来说是调研中必不可少的重要环节。从设计的角度（即包装材料、包装造型、包装结构、包装色彩、包装图形及包装文字等）去分析竞争商品的货架效果，了解它们的销售业绩，会给即将展开的设计带来极大的益处。

市场调研的方式是多种多样的，如直接调研、间接调研等。无论采取哪一种调研方式，都应根据不同商品的特点来收集资料。若商品有明显的地域消费差异性，就需在不同地域展开调查。调研时，要有效利用人力和物力资源，避免重复和浪费。

任务评价

商品定位分析与市场调研评价表如表2-1-1所示。

表2-1-1　商品定位分析与市场调研评价表

评价项目	具体要求	评价			
		优秀	良好	需改进	建议
产品定位分析	（1）商品定位分析				
	（2）进行市场调研				
学生自我评价	（1）能按照要求进行训练				
	（2）分析能力强，有合作意识				
	（3）发挥积极的作用				
小组活动评价	（1）团队合作良好				
	（2）训练中相互帮助				
	（3）对团队有贡献				
	（4）对团队成果满意				
收获		个	个	个	

任务二　设计定位和构思

任务目标

通过设计定位和构思，表现商品或某种特点，突出品牌的色彩、图形。

任务要求

包装设计要处理好商品、消费、销售三者的关系，从而有利于提高商品的销量。

任务驱动

一、设计的定位

设计的定位本意上是指确定设计元素的准确位置，现在，人们需要从多个角度去理解定位的含义。

1. 从文化的角度看

包装设计不仅是设计一种产品，更是设计一种生活方式、一种文化。商品的文化定位来源于使用者的文化心理、商品的文化风格及两者之间所体现出来的文化精神。因此，进行包装设计时，不仅要考虑商品自身的使用、审美和销售功能，而且要赋予商品一定的文化魅力。图2-2-1所示为体现文艺特点的笔记本包装。

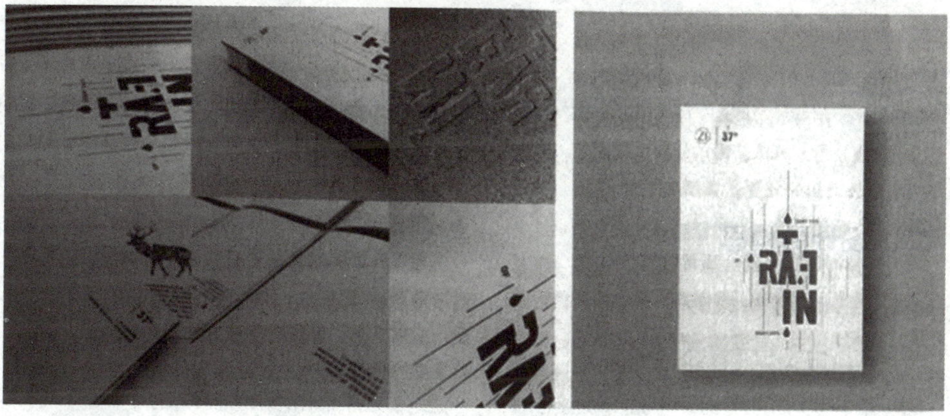

图2-2-1　体现文艺特点的笔记本包装

2. 从产品的角度看

在激烈的市场竞争环境下，产品定位能够使消费者清楚地了解产品的特点、应用范围和使用方法。从产品的角度看，可以从以下几个方面来定位产品。

（1）厂家的性质。厂家的生产方法和设备、技术、生产规模等因素。

（2）产品的差异性。指不同厂家的产品在造型色彩、功能、价格和质量等内在和外在方面的特点。

（3）企业在同行中的地位和竞争对手的情况。

3. 从商品的角度看

在产品的商品化进程中，设计活动只能围绕市场而定位。因此，从商品的角度看，设计定位应该以市场为基础来展开分析，以使设计目标清晰化，从而确定商品的定位。

从商品的角度看，应从以下几个方面进行考虑。

（1）商品属性。如价格、商标、品牌等。

（2）商品的陈列方式。即在特定的销售点，是按照厂家分开陈列还是按照类别陈列。

（3）销售场所和方式。如超市货架、橱窗等。

（4）商品的包装策略。如基本功能与货架效应等方面。

（5）商品的销售渠道。通常情况下，商品要经过厂家、代理商、批发商、零售商，最后才能到达消费者手中。

4. 从消费的角度看

包装设计需要定位消费者的消费行为和特征，从消费者的角度看，可以从以下几个方面来确定包装定位。

（1）消费对象。包括消费者的性别、年龄、身份、职业和文化程度等。

（2）消费方式。

（3）消费者的经济状况。

（4）消费地域。包括宗教信仰、社会习俗、节日、地理和气候因素等。

（5）消费行为。消费者的购买心理、个性特点和喜好、生活方式等。

需要注意的是，以上几个方面不能孤立地去考虑和运用，要在具体的设计实践中相互配合，这样才能有效地完成商品包装的设计定位。

二、设计的构思

构思是设计的灵魂。在设计创作中，很难制订固定的构思方法和构思程序之类的公式。创作多是由不成熟到成熟的，在这一过程中，肯定一些或否定一些、修改一些或补充一些，都是正常的现象。构思的核心在于考虑表现什么和如何表现两个问题。包装设计的内容构思可以从以下几个方面去考虑。

1. 直接表现法

直接表现法是指表现重点是内容物本身，包括表现其外观形态或用途、用法等。因为这种方法比较容易让人接受，应用广泛，所以摄影的表现方法经常会被用到，具体有以下几种形式。

图 2-2-2　用透明材料包装的花卉

（1）包装突出商品的自身形象。画面的主体为真实的或抽象的商品形象，其在食品行业应用广泛。这种方法比较直观、醒目，商品形象真实、生动，便于消费者选购。

（2）采用透明的包装。就是用透明的包装材料（或与不透明包装材料相结合）对商品进行包装（如图

2-2-2所示)，便于向消费者直接展示商品，其效果及作用与开窗式包装类似。

(3) 开窗式包装。这种方式能够直接向消费者展示商品的形象、色彩、品种、数量及质地，使消费者对商品更放心、更信任。开窗的形式及部位可以各式各样，不拘一格。

2. 间接表现法

间接表现法是比较内在的表现手法。即画面上不出现所要表现的对象本身，而是借助于其他有关事物来表现该对象。这种手法具有更加丰富的表现力，在构思上往往用于表现内容物的某种属性或牌号、意念等。间接表现法具体有以下几种形式。

(1) 突出品牌形象。有些商品包装简洁，画面上采用醒目的标志或文字，十分注重品牌宣传。这种表现手法形式感强，给人以严肃、庄重的感觉。

(2) 突出商品使用者的形象。以商品的使用对象作为画面的主体形象，如女士用品中漂亮的女性、儿童用品中可爱的儿童、男士用品中帅气的男性等。这种表现手法的针对性强，便于消费者选购。

(3) 突出商品的自身特点。这种手法主要用一些抽象图形表现商品的某种特性，如在洗涤用品包装中，经常出现波浪、旋涡、泡沫等，使消费者产生联想，同时可以增强产品的美感。

(4) 突出商品的生产原料。以商品的原材料作为画面的主体形象，如罐头、葡萄酒等。这种手法直接、易记，同时形象地说明了商品原材料的优良性，使消费者在心理上产生信任感。

(5) 突出商品的特有色彩。这是经常用到的形象色表现手法，如用橘子、咖啡、玫瑰等特有的色彩来表现产品。

(6) 突出商品的产地。以商品的产地作为卖点，从而达到使消费者信任的目的。

3. 意象表现法

意象表现法是指透过精神反映物质，是一种比较含蓄的表现方法。

(1) 抽象文字与图案组合构成画面。用抽象的文字和图案营造出商品的意境。图案与商品虽然没有直接的联系，但它表达的意思却符合商品的品质。此种表达方式形式感较强，且比较含蓄。

(2) 用抽象图案来装饰。常采用一些近似、重复、渐变、变异等构成方法，演变出丰富多彩的图案。

4. 检核目录法

检核目录法比较正统的名称是“强制关联法”，意指在考虑解决某一个问题时，一边翻阅资料性的目录，一边强迫性地把在眼前出现的信息和正在思考的主题联系起来，从中得到构想。

知识链接

创意的构思方法

（1）头脑风暴法。此法强调集体思考，着重互相激发思考，鼓励参加者在指定时间内构想出大量的创意，并从中引发新颖的构思。该法的基本原理是：只专心提出构想而不加以评价；不局限思考的空间，鼓励想出越多主意越好。

（2）形态分析法。该方法就是首先找出各形态因素，然后用网络图解方法进行各种排列组合，最后从中选择最佳方案。

（3）模仿创造法。它是人类创造性思维常用的方法。当人们想要构建未知事物的原理、结构和功能而不知从何入手时，最便捷易行的方法就是对已知的类似事物进行模仿而实现再创造。几乎所有创作者的行为最初都是从模仿创造法入手的。

任务评价

设计定位和构思评价表如表2-1-1所示。

表2-2-1　设计定位和构思评价表

评价项目	具体要求	评价			
		优秀	良好	需改进	建议
设计的构思	（1）设计的定位				
	（2）设计的构思				
学生自我评价	（1）能按照要求进行训练				
	（2）分析能力强，有合作意识				
	（3）发挥积极的作用				
小组活动评价	（1）团队合作良好				
	（2）训练中相互帮助				
	（3）对团队有贡献				
	（4）对团队成果满意				
收获		个	个	个	

任务三　表现与形式

任务目标

通过商品包装的表现与形式能对商品进行类别分析和准确定位，并设计目标。

任务要求

内容依靠形式去传达，形式是内容的体现，内容与形式相互依存，辩证统一。在包装设计创作中，除了要定位准确、立意新颖、构思巧妙、构图严谨外，最重要的是给予商品一种可以依托的独特表现形式，要根据不同的商品、不同的立意构思、不同的印刷工艺等，适当地选择包装设计的表现形式，以达到更好的包装效果。

任务驱动

一、具象表现手法

具象表现手法包括摄影、绘画、卡通漫画、装饰概括等表现形式。其中，摄影和绘画等方法给人以真实的感觉，具有很好的表现效果，在包装设计中被广泛使用。

1. 摄影

摄影的发明与发展，给人类带来了丰富的视觉体验。特别是彩色照片能更真实地反映商品的形象、色彩和质感，因此，在设计上得到广泛的应用，尤其是在食品、纺织和轻工业等行业中。

2. 绘画

由于绘画能更好地发挥设计者的能动性，进行艺术的取舍与组合，因此其始终是一种很主要的表现形式。随着时代的发展，现在人们除了可以运用水彩、丙烯等颜料达到艺术的表现效果，还可以利用各种绘画软件模拟水彩、水粉、油画、粉画、国画等艺术效果，从而让绘画更高效地、批量化地运用到商品包装之中。但是，商品包装上的绘画同纯粹的绘画作品在包装设计流程上有所不同，它是在体现商业感的同时，达到一种亲切、自然的艺术享受。

3. 卡通漫画

卡通漫画采用一种拟人手法，给人以活泼诙谐的视觉感受。其表现手法灵活、自然，比较适合表现儿童产品、食品、电子产品等。

4. 装饰概括

装饰概括是在实物形象的基础上所进行的一种精练和概括，装饰概括多采用传统纹样的图案或者现代的图形来进行表现。

二、抽象表现手法

这种不直接反映商品或其相关具体形象的抽象表现，主要运用点、线、面、体等构成的基本元素传达信息，给人以概括简练、现代时尚的感觉。

三、夸张概括的表现手法

我国民间的剪纸、泥玩具、皮影和国外卡通艺术等是夸张概括的表现手法的典型代表。这种表现手法强调以变化求突出，对采用的图像有所取舍和强调，使主体形象符合人们的审美，富有浪漫情趣。

四、设计原则

包装设计的功能不仅仅是保护商品不受损坏，同时具有积极的促销作用。随着近年来市场竞争的白热化，各个品牌都在想尽办法突出包装的促销作用。包装设计遵循的原则如下。

1. 视觉醒目原则

在很多情况下，消费者是到商店、超市里去购买商品，有时甚至是即兴购买，即商品是在无人引导销售的情况下进行“自我销售”。所以，包装设计必须在短时间内迅速吸引消费者选购商品的视线，这样才能使消费者进行进一步的判断和购买，因此，包装在视觉上是否醒目是能否促使商品销售的重要因素之一。

（1）运用造型突出展示。造型的奇特、新颖的包装最能引起消费者的关注。其关键在于与同类商品的包装形成区别，例如酒的包装瓶一般都以圆柱体为主，如果将其设计为不规则的造型，会立刻在货架上凸显出来。

（2）运用色彩影响受众心理。人类对色彩的感受非常敏感，消费者在扫视商品的短暂时间内，往往会因为色彩的影响而做目光的停留。有关调查结果显示，用某些色彩作为商品的包装，会使商品的销量变差，如灰色便是其中之一，这是由于灰色缺乏生命的活力，难以使人心动，自然不易产生消费的冲动。

学者总结发现，红、蓝、白、黑是四大销售用色，这是在制作红、蓝、白、黑、绿、橙、黄、茶色的形象并进行比较时发现的。这四种色彩是支配人类生活节奏的重要色彩，因而在作为销售用色时，能够引发消费者的好感与兴趣。这种分析有一定的合理性。

（3）突出的商标和品名。通常情况下，包装上的各种图案都是以衬托品牌商标为最终目的，充分显示品牌商标的特征，使消费者从商标和整体包装的图案上迅速识别出商品所属的品牌和企业。特别是名牌商品与名牌商店，包装上醒目的商标可以立即起到招徕消费者的作用，不少注重品牌的消费者会以名牌的商标作为购买的理由。

图2-3-1　木制的包装盒

（4）独特的材质引人关注。包装材质的变化同样引起人们的注意。例如红酒的外包装通常以纸盒或铁盒为主，但某些品牌却以原木作为盒子的材料（如图2-3-1所示），在货架上形成突出展示，更易引起消费者的注意。同时，木质的材料还令人联想到酿酒的橡木桶，更是强调了原汁原味的感觉，使商品的品质感得到提升。

需要注意的是，不管以何种方式构成包装的醒目效果，都必须与商品的属性、特点和定位相匹配，这样才能达到积极的宣传效果。

2. 信息明确原则

人们购买商品的目的并不是包装，而是包装内的产品。因此成功的包装设计不仅要通过造型、色彩、图案、材质的使用引起消费者对产品的注意与兴趣，而且要使消费者能够通过包装精确了解产品信息。准确传达产品信息的最有效方法就是真实地传达产品形象，例如，可以采用全透明包装或者在包装容器上开窗展示产品，可以在包装上放置产品的照片或图形，也可以在包装上做简洁的文字说明，等等。准确地传达产品信息也要求包装的档次与产品的档次相适应，掩盖或夸大产品的质量、功能等信息都是失败的包装。准确地传达产品信息还要求包装所用的造型、色彩、图案等元素不违背人们的习惯，以避免消费者理解错误。

3. 情感表达原则

人的喜好对消费行为起着极为重要的作用。好感来源于以下两个方面。

首先是实用方面，即商品包装能否满足消费者的各方面需求并提供方便。这涉及包装的大小、繁简、美观程度等。例如，同一款香水，往往会有不同容量的包装供消费者选择；同样的商品，如果是赠送他人的，消费者通常会选择包装较为精美的（如图2-3-2所示），如果是自己使用的，则会选择普通包装、价格更便宜的。当商品的包装满足需求时，自然会引起消费者的好感。

图2-3-2　精美包装的商品

其次，好感还直接来自包装的造型、色彩、图案和材质的感觉，这是一种综合性的心理效应，与个人及个人所处的环境有密切关系。以色彩来说，几乎每个人都有自己喜欢或反感的色彩，不能强求一致。但也有共同点可循，例如大部分女性都喜爱红色、粉红色，这些色彩因而被称为女性色，在女性用品的包装中被大量使用，极易引起女性的喜爱；而男性偏好庄重严肃的黑色、蓝色等，在男性用品的包装上使用这些色彩搭配更易得到男士的青睐。

综上所述，商品包装的造型、用色、图案等的使用要能引起人们的喜爱。设计者可以借助各种市场调查和心理测试来进行选择。

任务评价

表现与形式评价表如表2-3-1所示。

表2-3-1　表现与形式评价表

评价项目	具体要求	评价			
		优秀	良好	需改进	建议
掌握的手法	（1）具象表现手法				
	（2）抽象表现手法				
	（3）夸张概括的表现手法				
	（4）设计原则				
学生自我评价	（1）能按照要求进行训练				
	（2）分析能力强，有合作意识				
	（3）发挥积极的作用				
小组活动评价	（1）团队合作良好				
	（2）训练中相互帮助				
	（3）对团队有贡献				
	（4）对团队成果满意				
收获		个	个	个	

任务四　创作流程与设计规范

任务目标

消化客户要求，收集整理相关资料，明确创作策略。

任务要求

设计时，要思路清晰，设计多种草图，并从中选择优秀的作品，并及时与客户进行沟通、修改方案。

任务驱动

一、创作流程

1. 草图

草图是包装设计的最初形态，记录了设计者设计构思发展的过程。一般情况下，设计者会从草图中选择最优秀的方案作为设计依据。图2-4-1所示为草图设计中的创意元素。

图2-4-1　创意元素

2. 色稿

色稿即通过使用马克笔、彩色铅笔或水彩、水粉等颜料及工具，将草图的构思具象化。在此阶段，设计者对包装所要采用的表现方式、印刷工艺、使用材料等均有了明确的想法。

3. 制图

与客户沟通并修改设计方案后，根据色稿在计算机中进行详细的制作，包括各设计元素的具体位置和色彩及相应的精确数值。同时可以根据客户的需求制作出成品的模拟效果，这样有助于更清楚地发现设计、制作中存在的问题。

4. 打样

彩色图片经过分色、挂网或电子分色后，通常会先选试印一次，以检验分色过网的色彩是否偏色，同时可以作为正式印刷时的范本。打样是印刷品的检验，与原稿校对后可开始印刷。

5. 印刷

将设计制作的电子文件交给印刷输出公司印制。一般情况下，由于印刷技工的技术水平良莠不齐等因素，在实际印刷过程中会出现一些问题。因此，为了对印刷品的色彩给予及时调整，最终达到满意的效果，设计师需要亲自跟单。

6. 成品

完成制作流程，做出成品。

二、包装设计的规范

包装设计不是诸如绘画、雕塑等艺术创作，其根本目的在于保护商品和销售商品，不能一味地追求艺术性。因而，在包装设计中，科学、环保、合理的包装应该是未来的发展方向。而一些和包装有关的法律法规的出台，正是为了确保包装能够不偏离本质。

近年来包装中出现的问题，主要表现为欺骗性过度包装（如图2-4-2所示）和奢华性过度包装（如图2-4-3所示）两大类。欺骗性过度包装是指以庞大的包装夸大真实内容物容量；奢华性过度包装是指包装成本远远超过产品成本，或搭售价值远远高于产品价值而又并非出于技术上或使用需要上的副产品。其中，欺骗性过度包装可视为商业欺诈，严重损害了消费者的合法权益，也对同类产品厂家构成了不正当竞争，扰乱了市场环境。所以，世界各国与包装相关的法律法规都对欺骗性过度包装进行了明令禁止。奢华性过度包装虽然有一定的社会基础和市场需求，但也应控制在满足一小部分消费者需求之内。另外，随着逐步建立可持续发展经济模式及环保循环型社会呼声的日益强烈，包装的环保性问题也被各国高度重视，并在包装立法中有所体现。

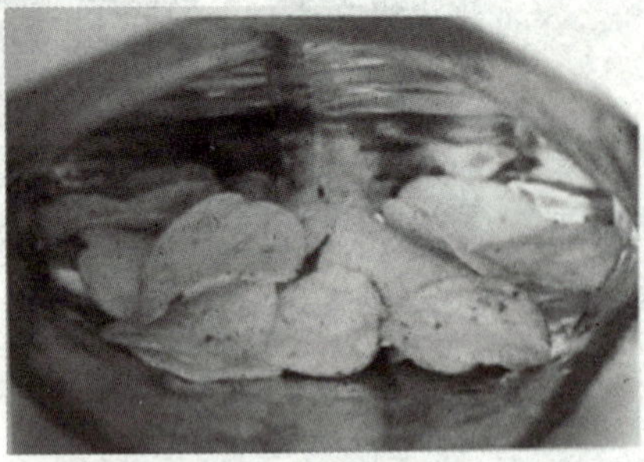

图2-4-2 欺骗性过度包装

图2-4-3 奢华性过度包装

下面对国内和国际上的一些法规进行详细介绍。

1. 中国包装法规

我国于2016年12月13日发布最新国家标准《箱板纸》，对箱板纸的产品分类、技术要求、试验方法、检验规则和标志、包装、运输、贮存等方面进行了规定。2020年4月修订的《中华人民共和国固体废物污染环境防治法》明确规定：国务院标准化主管部门应当根据国家经济和技术条件、固体废物污染环境防治状况以及产品的技术要求，组织制定有关标准，防止过度包装造成环境污染。同时，《中华人民共和国产品包装法》也对豪华包装进行了严格规范。2021年9月2日，国家对强制性包装标准《限制商品过度包装要求——食品和化妆品》进行了修订，对食品和化妆品的包装做出了严格的要求。

2. 欧美国家包装法规

美国与加拿大将过度包装定义为欺骗性包装，并做出以下规定：包装内有过多的空位，包装与内容物的高度、体积差异太大，无故夸大包装，非技术上所需要者，均属于欺骗性包装。德国将欺骗性包装定义为：以膨大的包装夸大真实的内装物容量的行为属于欺骗行为，将予以处理。例如，把吹塑容器的把手和嘴连成一体，使人产生容器体积较大、容量较多的错觉；把纸盒包装里折叠的单瓦楞纸板衬垫安排得极其松弛，将纸盒体积扩大，使人产生错觉；等等。上述情况均属欺骗性包装。

3. 日本包装法规

由于日本资源稀缺，因此对资源的利用十分重视。日本制定的《包装新指引》规定，要求商品包装应尽量缩小包装容器的体积，容器内的空位不应超过20%，包装成本不应超过产品售价的15%，包装应正确显示产品的价值，以免对消费者产生误导。另外，日本的包装也非常重视环保，分别于1991年、1992年发布并强制推行《回收条例》《废物清除条件修正案》。

4. 韩国包装法规

为规范厂商的包装比率与层数限制，韩国政府采取了以下三大措施：一是检查包装；二是奖励标示；三是对违反包装标准的罚款处理，最高会被罚款300万韩元。对被怀疑有过度包装之嫌的商品，政府可要求制造商或进口商到专门的检查部门接受检查。制造商或进口商接到通知后，必须在20天内前往检查部门接受检查，并将检查结果记录在物品包装的表面，标示出包装空间的比率、包装材质、包装层数等。另外，其在包装废弃物的分类回收与再处理方面也有较为先进的经验。

知识链接

（1）覆膜工艺。它是在包装印刷之后进行的一种表面加工工艺。它是指用覆膜机在包装的表面覆盖上一层透明塑料薄膜而形成的一种包装加工技术。

（2）烫金烫银工艺。它是将需要烫金或者烫银的图案制成凸形版加热，然后在被印刷物上放置所需颜色的铝箔纸，经过加压后，使铝箔附着于被印刷物上。

（3）紫外线（UV）防金属蚀刻印刷工艺。此工艺也称作磨砂或砂面印刷，是在如金、银卡纸等具有金属镜面光泽的承印物上印上一层凹凸不平的半透明油墨后，经过UV固化，便可产生类似光亮的金属表面经过蚀刻或磨砂的效果。UV防金属蚀刻油墨可以产生亚光及绒面的效果，这种工艺会使包装印刷品显得柔和、华贵和高雅庄重。

（4）凹凸压印工艺。此工艺是利用凸版印刷机较大的压力，把包装印刷的半成品上的局部文字或者图案轧压成凹凸效果明显且具有立体感的图文。此项工艺较多使用于印刷品和纸容器的后加工上，除了用于包装纸盒上，还应用于商标标签及日历、贺卡、书刊装帧等产品的印刷中。

任务评价

创作流程与设计规范评价表如表2-4-1所示。

表2-4-1　创作流程与设计规范评价表

评价项目	具体要求	评价			
		优秀	良好	需改进	建议
流程	（1）创作流程				
	（2）包装设计的规范				
学生自我评价	（1）能按照要求进行训练				
	（2）分析能力强，有合作意识				
	（3）发挥积极的作用				
小组活动评价	（1）团队合作良好				
	（2）训练中相互帮助				
	（3）对团队有贡献				
	（4）对团队成果满意				
收获		个	个	个	

任务五 包装设计课的教与学

任务目标

掌握设计的技巧知识，并对包装设计的概念有一定了解。

任务要求

随着我国经济的飞速发展，包装已经成为人们日常生活中不可或缺的一部分。包装设计是一门综合性极强的课程。在教学中，通过结合典型实例来讲述包装理论与技术，并通过大量的实例练习，使学生在了解诸如包装造型、容器造型、装潢设计及印刷品的印刷成本核算等相关知识的同时，也能把握包装装潢及相关行业发展的最新方向。同时，使学生对包装流程中的市场调研、包装材料、包装印刷流程及运输、销售和计算机制作过程有系统的了解，使学生的创作和市场相结合，创作出实用、富有个性、具有审美价值的包装设计作品。

任务驱动

一、包装设计的教授方法

包装设计的授课方式以理论讲述、实例操作为主，并结合大量的讨论和实际操作，大致可分为设计与印刷两部分，如图2-5-1和图2-5-2所示。为了培养学生的动手能力、图形语言组织能力和团队精神等职业素养，在后期的实践部分，应尽量采取分组合作的形式完成。作为包装设计课程的教师，则需要更深入地挖掘学生的设计潜能，使学生对包装设计产生更为深刻的认知和把握。针对包装设计的教学，除了传统的知识技能传授，还需要对以下要点加以重视。

图2-5-1 设计

图2-5-2 印刷

1. 课程结构

现代包装设计课程应当注重调查和搜集信息，重视并加强对相关学科知识的不断学习；同时，在遵循有效的操作程序和科学的学习方法下，对品牌学、市场营销、商品定位、品牌战略、消费心理等相关知识有所研究（如图2-5-3所示），以提高学生多角度思考并分析问题的能力。

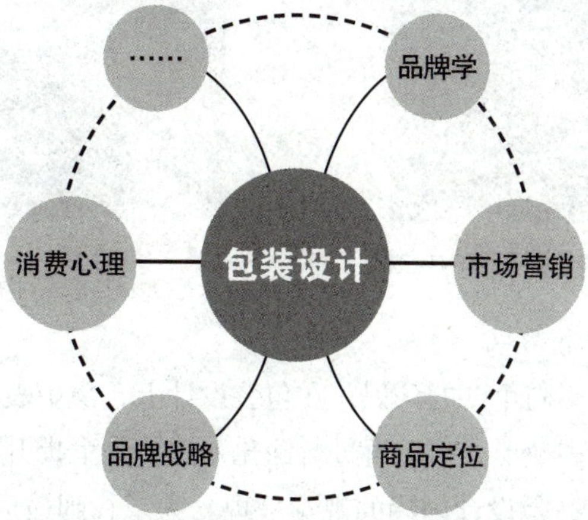

图2-5-3　包装设计与相关学科关系图

2. 实用性原则

在进行包装设计过程中，学生经常会片面追求造型和视觉效果的新奇，而忽视包装的稳定性、保护性、使用的便利性，甚至出现其设计构思无法通过现有工艺呈现出来的情况。所以，在包装设计的教学上，教师应该引导学生从实际出发，强调包装设计的实用性。例如，可以在教学中与一些生产厂家在某个项目上进行合作，针对具体的设计任务开展具体的专业训练和实践学习。通过实用性教学的形式，锻炼学生的创造力和综合分析问题的能力，使教学与实践紧密结合；同时，更能激发学生的创作热情，促使学生更注重商品和市场的实际要求，避免出现表面化的处理。

3. 创造性思维的培养

在增强学生创造性过程中，根据市场环境的改变，培养学生的创新能力与复合能力，是一个关键环节。在实际教学过程中，增加一些探索性、实验性的课题，可以让学生大胆探索与实验，变被动学习为主动学习，变模仿性设计为创造性设计，从而提高学生创造性思考与设计能力。

二、包装设计的学习方法

包装设计的学习在于让学生了解包装设计构成的科学流程，掌握各种构成元素的设计方法与各种材质、印刷工艺的应用技巧，并能运用不同包装造型的设计表现（常见的包装造型如图2-5-4和图2-5-5所示），以及加强对系列化包装设计的把握等。学习包装设计要注重以下几个方面。

图2-5-4　采用烫金和烫银工艺的挂牌

图2-5-5　柱形包装盒

1. 设计的表现角度和形式

不同的人对事物有不同角度的认识，在包装设计上，集中表现为某一个角度将有益于表现的鲜明性，确定表现形式后，再进行深化，这将大大提升包装设计的效率。表现形式是设计的具体语言，是设计内涵的视觉呈现。为了找到最适合的呈现角度和形式，需要学生在选择具体的表现形式之前，对设计主体和主题进行详尽细致的综合分析。

2. 包装造型与结构

容器造型与结构设计最大限度地影响着包装的成败。在学习包装设计时，不要只将设计重点放在视觉效果的呈现上，必须对包装的结构进行深入学习，这样才能设计出兼具美观与实用功能的包装。

3. 广阔全面的市场调研

包装设计的学习不仅要掌握课堂和书本上传授的知识和技能，而且必须对包装市场的现状有所了解。学生可以通过网络收集大量包装设计的优秀案例，了解设计技巧等相关知识，了解当今包装设计行业的要求与发展。除此之外，最好能够到各大商场、超市进行实地考察，通过近距离的实际接触，了解包装设计的造型、色彩、材质等相关要素，以对包装设计形成更清晰、更准确的概念。

4. 互动交流与团队合作

在分组设计过程中，各小组成员可以首先分别构思绘制包装设计草图；然后集结创意开展讨论，通过不同的角度和审美标准来评判每个人的设计方案，总结其优缺点，并选出最优秀的一种方案进行深入制作。

5. 创新思维

在初期的学习过程中，学生往往以模仿借鉴为主，学习他人的成功经验，但绝不可产生依赖感，必须培养自主设计构思的能力。除了熟悉商品、了解市场外，学生还要不断提高自身的文化艺术修养，最大限度地发挥自己的设计创作潜力。

图2-5-6为学习包装设计的注意事项。

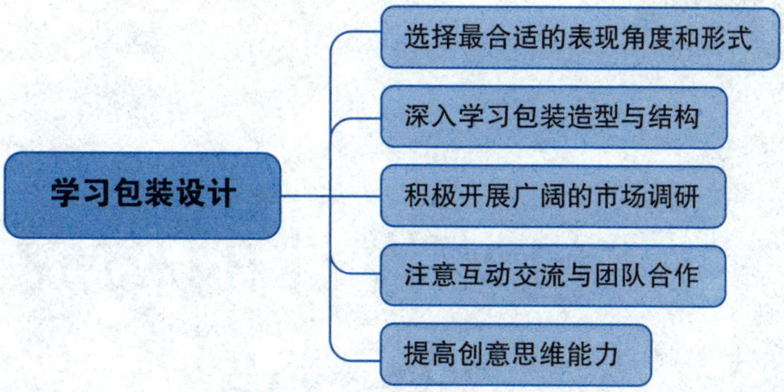

图2-5-6　学习包装设计的注意事项

任务评价

包装设计课的教与学评价表如表2-5-1所示。

表2-5-1　包装设计课的教与学评价表

评价项目	具体要求	评价			
		优秀	良好	需改进	建议
包装设计	（1）包装设计的教授方法				
	（2）包装设计的学习方法				
学生自我评价	（1）能按照要求进行训练				
	（2）分析能力强，有合作意识				
	（3）发挥积极的作用				
小组活动评价	（1）团队合作良好				
	（2）训练中相互帮助				
	（3）对团队有贡献				
	（4）对团队成果满意				
收获		个	个	个	

项目三

包装设计的构成元素及设计禁忌

项目导读

包装具有保护商品和促销商品的两大功能，那么，怎么实现这两大功能呢？即如何进行包装设计呢？问题再深入一些，包装设计的构成元素有哪些呢？这个问题将是本项目讨论学习的重点。通过本项目的学习，我们要进一步探究包装设计的奥秘，并且能自主分析一个优秀的包装设计的构成，进而掌握进行包装设计学习的第一把钥匙。

任务一　构　图

任务目标

一件优秀的包装作品，是商标、文字、图形、色彩、造型、材料、工艺等包装构成要素的有机组合与科学搭配，只有这样，才能展现出完美的整体效果，这就是构图在包装设计中的体现。包装设计视觉特征是由各个构成要素及其相互关系的特点决定的，若没有合理的、科学的构图，即便图形、文字、色彩、造型、材料中的某个要素设计得再完美，也不能产生良好的整体包装形象；而即使拥有相同的图形、文字、色彩、造型、材料等元素，只是构图不同，也可能产生完全不同的风格特点。因此，在设计商标、图形、色彩、造型时，都应围绕商品的特点、企业的文化，综合而全面地考虑各构成要素，从而塑造商品包装的整体形象。同时，各构成要素的表述应该清晰、明确，不能模棱两可、似是而非。将各元素组合时，应该主题突出、主次分明，同时要层次明晰、条理清楚、均衡对比、调和统一等。

任务要求

构图是一个造型艺术术语，即绘画时根据题材和主题思想的要求，把要表现的形象适当地组织起来，构成一个协调的、完整的画面。通过学习，要掌握构图的原则和方法，但构图还要在实际操作中，根据现场的情况，充分发挥自己的想象力，用独特的视角来表达自己的感觉。

任务驱动

一、构图原则

将包装的视觉要素进行合理而巧妙的编排组合，使之呈现出新颖、理想的效果，就必须遵循一定的构成原则。

1. 整体性

包装的色彩、图形、商标和文字，这些复杂的视觉要素均要在包装这一小小的舞台上展现，并要在庞大的同类商品中瞬间传达出自我特性。无疑，设计者需要把握整体性的构成原则，即要确定好一种构成基调，所有视觉要素的构成都向这一基调看齐，使包装呈现出一目了然的整体感。

2. 协调性

在包装视觉要素的整体安排中，应紧扣主题，突出主要部分，次要部分则应充分起到陪衬作用，这样各局部间的关系就得以协调统一。包装视觉要素间的关系相当复杂，如单一的文字元素就有牌号、品名、厂址、规格、用法、用量等，在构成时，要协调处理好它们之间的关系。而包装上除了文字，还有色彩、图形等，这意味着各元素间的关系同样需要相互协调。最容易理解和运用的协调法，就是在所有构成形态中，找出并显示它们的共性，缩小或减弱它们的差异，即“求大同而存小异”，从而使包装的视觉效果富有条理性、秩序性，而且有统一和谐的美感。

3. 生动性

过分地循规蹈矩只会使设计产生平平淡淡、毫无生气的感觉。因此，在构成时，往往需要增加一些变化，打破过于单调的局面，使构成关系生动活泼、新鲜明朗，如图3-1-1所示。构成的生动性要利用对比性原则，如形的对比（曲直、方圆、大小、长短等）、色的对比（冷暖、明暗、鲜浊等）、量的对比（多少、疏密等）、质的对比（松紧、软硬等），以及空间对比（虚实、远近等）等，有对比就会有动感。当然，并非强调各种对比，而应稍有侧重地表达，让包装生机盎然。随着平面设计及材料技术的高度发展，包装成为最令人兴奋和极具挑战性的领域之一。如何运用色彩、图形、商标及文字是包装设计的关键；同时，作为现代包装设计人员，还需要掌握各种包装材料的知识，并保持与包装材料及容器发展步调的一致。

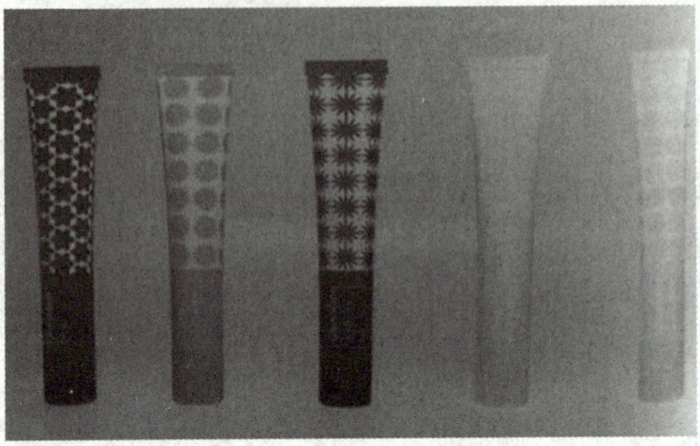

图3-1-1　具有生动性的包装

二、构图方法

构图的任务是要把不同的形式、成分向一个目标靠拢，清晰地表达一个整体形象。大致可以归纳为如下几点。

1. 垂直式

垂直式是将各视觉传达要素摆放在一个垂直式的空间之中，形成挺拔向上、流畅隽永的感觉。在构图时，由于众要素多以直立的形式出现，因此，还可将局部施与微小的变化，以小面积的非垂直式排列打破单调、呆板的局面，使之更有活力。

2. 水平式

水平式与垂直式正好相反，水平式的空间分割往往会使人觉得平和安宁、庄重稳定。同样，水平式的构成也应在平稳中求变化、在单纯中见活泼。

3. 倾斜式

当各要素以倾斜的方式构成时，给人的最深印象便是律动感，它会使包装变得充满朝气。在运用倾斜式时，方向一般以由下至上比较好：一是符合人们的心理需求和审美习惯；二是倾斜的元素既能够带来动感，又传达着不稳定感，这意味着必须处理好动与静的关系，即在不平衡中求稳定。

4. 分割式

分割式是指视觉要素布局在按照一定的线性、规律所分割的空间中，产生纷繁多变的空间效果的构成方法。分割的方法包括垂直分割、水平分割、斜形分割、十字分割、曲形分割等。构成时，要处理好空间大小关系和主次关系。

5. 中心式

中心式是将主要的视觉要素集中于展示面的中心位置，四周形成大面积空白的构成方法。中心式能一目了然地突出主体形象，给人以简洁醒目之感。但须讲究中心画面的外形变化，要调整好中心画面与整个展示面的比例关系。

6. 散点式

散点式是指视觉要素以自由的形式进行分散排列的构成方法。它用充实的画面给人以轻松、愉悦的感觉。设计时，要注意结构的聚散布局、各要素间的相互联系。此外，还要使画面不失去相对的视觉中心。

7. 边角式

边角式是将关键的视觉要素安排在包装展示面的一边或一角，并将其他地方有意留下大片空白，这一违背传统的构成方式能加强消费者的好奇心，也有利于吸引消费者的注意力。但要注意视觉要素所处的边角位置及实与虚的对比关系。

8. 重叠式

重叠式是多种色块、图形及文字相互穿插、交织的构成方式。多层次的重叠，使画面丰富、立体，且视觉效果夺目、强烈。要使层次多而不乱、繁而不杂，运用好对比与协调的形式原则是重叠式构成的关键。

9. 综合式

综合式是指没有规则的构成方式，或是用几种构成方式综合为一地进行表现。综合式虽然无定式可言，但须遵循多样统一的形式法则，使之产生个性强烈的艺术效果。

任务评价

构图评价表如表3-1-1所示。

表3-1-1 构图评价表

评价项目	具体要求	评价			
		优秀	良好	需改进	建议
包装设计	（1）包装设计中构图的原则				
	（2）包装设计中构图的方法				
学生自我评价	（1）能按照要求进行训练				
	（2）分析能力强，有合作意识				
	（3）发挥积极的作用				
小组活动评价	（1）团队合作良好				
	（2）训练中相互帮助				
	（3）对团队有贡献				
	（4）对团队成果满意				
收获		个	个	个	

任务二 色彩

任务目标

有关资料表明，消费者对物体的感觉首先是“色”，其后才是“形”，在最初接触商品的20 s内，人的色感为80%，形感为20%。由此可见，色彩具有先声夺人的力量。在商品的包装视觉设计中，图形、文字等因素都有赖于一定的色彩相配合，可以说，色彩是包装设计的关键。色彩对消费者的心理也具有一定的影响，它能左右人的情感，成功的色彩设计往往能使人产生愉悦的联想。因此，色彩在商品包装中起着非常重要的作用。

进行包装的色彩设计，应对色彩具有科学的认识，并要对色彩的功能性、情感性、象征性做出深入的研究，以有助于对色彩运用能力的培养。

任务要求

色彩是视觉传达力最活跃的因素。包装色彩是为商品内容服务的。包装色彩设计应从深入了解产品、销售和消费对象对色彩的特殊要求与爱好入手，在灵活运用色彩的一般规律的基础上，发挥更大的想象力，使包装色彩更具有对商品的识别作用和象征意味，创造出不同商品的独特色彩语言。这在具体销售中表现得比较明显，如食品类货架上多是丰富的暖色调，清洁剂类货架上以较简洁的冷色调为主，化妆品货架上色调显得高雅协调，日用品货架上色彩单纯朴素，等等。因此，包装色彩的识别性、象征性、传达力等功能应是人们设计研究的重点。

任务驱动

一、包装色彩的基本功能

包装色彩的功能体现为两个方面：一是识别功能；二是促销功能。

1. 色彩的识别功能

缤纷的色彩因在色相、明度、纯度上存在差异，从而形成了各自的特点，将这些特点运用在包装上，有助于消费者从琳琅满目的商品中辨别出不同的品牌。心理学中把消费者的注意分为有意注意和无意注意两种：当人们最初接触到某一商品时，大多是无意识的，即无意注意；但当消费者再次购买这一商品时，就会对包装有意识地注意，尤其是对最先触动视觉的色彩产生有意注意。因此，商品包装色彩运用得当，会加深消费者的注意力，从而触发购买行为。

在包装的色彩计划实施过程中，应用企业标准色是包装设计加强色彩的识别性、树立品牌形象直接有效的手段。在目前的商业市场中，品牌大战尤为激烈，有设计师曾表示："好的品牌包装远比一个推销员有用，它是识别商品的一面旗帜，是商品价值的象征。"而实施品牌识别系统的色彩计划，有助于消费者迅速辨认出商品属于哪家公司、哪个品牌。

2. 色彩的促销功能

好的商品包装色彩会格外引人注目，因为色彩是直接作用于人的视觉神经的因素。当人们面对众多商品，能瞬间留给消费者视觉印象的商品，必然具有鲜明个性色彩的包装。优良的商品包装色彩不仅能美化商品，抓住消费者的视线，使人们在购买商品过程中有良好的审美享受，而且能起到对商品的宣传作用，让人在不经意中注意到它的品牌。因此，企业在进行商品的包装设计时，应该意识到色彩的重要性。作为设计师，要尽量设计出符合商品属性的、能快速吸引消费者目光的色彩，以提高企业商品在销售中的竞争能力。

二、包装色彩的视觉心理

在长期的社会活动中，人们受到性别、年龄、职业、民族、性格及素养和审美条件等多种复杂因素的影响，从而在生理和心理上对商品色彩的认识形成了一些习惯性的色彩印象。设计师若对此有所了解，便能更为准确地把握包装的色彩。

1. 色彩的情感性

(1) 冷暖感。色彩的冷暖效应是色性所引起的条件反射，蓝、绿、紫等颜色，会给人以水一般冰冷的联想；红、橙、黄等颜色，会带给人们火一般的感受。不只是有彩色会给人冷暖的感觉，无彩色也同样如此，如白色及明亮的灰色，给人寒冷的感觉；而暗灰及黑色，则令人有一种暖和的感觉。

(2) 奋静感。一般来说，暖色、高明度色、纯色对视觉神经的刺激性强，会引起观者的兴奋感，如红、橙、黄等色，称为"兴奋色"；而冷色、低纯度色、灰色给人沉静的感觉，称为"沉静色"。前者令人感到活泼与愉快，在设计中，若要表达瑰丽的效果，可用"兴奋色"；后者使人有安静、理智之感，若要表达高尚、稳重的效果，则可用"沉静色"。

(3) 轻重感。色彩能使人看起来有轻重感，主要是因为明度的关系。一般来说，白色及黄色等高明度色彩给人感觉较轻，黑色等低明度的色彩则看上去较重。明度相同的色彩则视彩度而定，彩度高的看起来较轻，彩度低的感觉较重。感觉轻的颜色虽然给人轻快感，但也会让人觉得不够安定；相反，低明度颜色则有稳定的感觉。设计时，若要搭配轻色及重色，必须考虑它们之间的平衡性。

（4）进退感。在深色底上，并排着黄色与蓝色，从一定距离来看时，会感觉到黄色比蓝色近些，这种突出于背景的色彩，称为“前进色”；反之则称为“后退色”。一般而言，暖色、亮色、纯色有前进感，暗色、灰色有后退感。在设计中，若能适当使用前进色与后退色，可获得有效的层次感与空间感。

（5）柔硬感。色彩的柔和感与坚硬感，与明度及彩度有密切的关系。亮色、灰色具有柔和感，而暗色、纯色具有坚硬感。在无彩色中，黑色与白色给人较硬的感觉，灰色则较柔和；在有彩色中，暖色系较柔，冷色系较硬，中性色系则显得最为柔和。

2. 色彩的象征性

大多数人都认为色彩的情感作用是靠人的联想产生的，而联想是与人的年龄、性别、职业及社会环境、生活经验分不开的。此外，长期以来，通过人们的习惯造成的色彩固定模式，也使得一些色彩感觉在人们心目中成为永恒。总之，象征是由联想并经过概念的转换后形成的思维方式。

（1）红色是一种刺激性很强的色彩，它具有双重性的象征性格，既代表热情、活力、积极，又表示危险、冲动。在很多情形下，与节庆相关的商品包装多采用红色系。

（2）橙色是处于红、黄之间的色彩，给人以热闹、明朗、活泼的印象，在包装中使用频率颇高，特别是在食品包装中常会见到这种颜色。

（3）黄色是一种欢快的色彩，具有光明、希望、明朗与高贵的象征意义。黄色给人的印象也较为强烈，在食品包装中应用最为广泛。

（4）绿色是大自然中草木的颜色，象征着自然和希望，同时表示青春和生命。它在活泼中又不失端庄与沉静。在药品、日化、文具等商品包装中常被使用。

（5）蓝色是澄净的天空颜色，代表着宁静、清爽、理智与广远。在西方，蓝色意味着贵族气息，也有部分国家和地区认为蓝色是悲壮、忧虑的象征。其在药品和电器产品包装中使用最广。

（6）紫色具有高贵、神秘、优雅之感，同时有孤傲、消极的意味。紫色的使用较难把握，常在女士化妆品及服饰品包装中应用。

（7）白色是纯洁的象征，代表高雅、轻快和神圣。由于白色易被污染，且给人的印象薄弱，因此包装上应用较少，但在化妆品及医药品包装中有一定的运用。

（8）黑色是一种庄重、肃穆与黑暗、消极兼而有之的色彩，是包装设计中不可缺少的颜色。以前多用它作为辅助色彩，但随着时代的变迁，黑色成为“酷”的代言，因此，在现代，许多以年轻人，尤其是男性为销售对象的商品中，黑色成为抢手的包装主色调。

（9）金银色是带有金属光泽的色彩。由于本身特有的耀眼光泽，故有华丽、高贵的象征性，是高级化妆品及各式礼品包装常用的点缀色彩。

三、包装色彩的运用

1. 依据商品属性

包装色彩的商品属性是指各类商品都有各自的倾向色彩或称之为属性色调。尤其是同一类商品，当存在不同口味或性质时，往往要借助于色彩予以识别。属性用色、构图和表现手法等，将共同构成商品的属性特点。

人们从自然生活中获取的认识和记忆形成了不同商品的形象色彩，因而色彩的形象性可直接影响到消费者对商品内容的判定。因此，在包装设计中，对色彩形象性的把握是非常重要的。在反映商品内在品质方面，“根据商品固有的色彩或商品的属性，采取形象化的色彩使购买者产生对物品的回忆，并对商品的基本内容、特征做出判断”是当前设计用色的一种主要手段。不同的颜色在视觉与味觉之间会存有不同的感觉，如果包装设计师运用得当，不仅能使商品与消费者之间形成一种心灵的默契，而且能使购买者产生舒适宜人的感觉。一般来说，糕点类食品包装的色彩多选用黄色，因为黄色能促进食欲；纯净水等饮料的包装喜用蓝色，因为蓝色令人感到凉爽。一瓶咖啡的包装，用棕色可体现味浓，用黄色可体现味淡，用红色可体现味醇，可见色彩对商品的品质具有一定的影响。

商品的形象色可以从一些色彩的名称中得以反映。如以植物命名的咖啡色、草绿色、茶色、玫瑰红等；以动物命名的鹅黄色、孔雀蓝、鼠灰色等；以水果命名的橙黄色、橘红色、桃红色、柠檬黄等。此外，还有天蓝色、奶白色、紫铜色……将产品的固有形象色直接应用在包装上，会使消费者获得一目了然的信息，如奶粉包装可用乳白色，柠檬饮料可选用柠檬黄色，等等。这些利用商品本身的色彩在包装用色上再现的手法，最能给人以“物类同源”的联想，能增加商品的表达能力，使人产生购买欲望。

2. 依据消费对象

每一种商品都是针对特定的消费群体而研发的，因此，在包装设计时，依据消费对象来进行定位设计显得格外重要，包装中的色彩设计亦是如此。不同的消费群对色彩的喜好也存在一定的差异，对色彩的好恶程度往往因年龄、性别等不同而差别很大。一些调查结果表明，年龄是造成色彩好恶的重要因素之一。人在幼儿时期，最喜欢高纯度的颜色，尤其是暖色，如红色、橙色、黄色，但对白色、黑色没有多大的兴趣。到了小学三年级左右，这种倾向便开始有所转变，慢慢喜欢白色及高明度的颜色。小学五六年级时，孩子们对色彩的喜好已和成人极为相似。至于青年人所喜爱的颜色，大都和40岁左右的人相近，如高纯度、高明度色彩，还有白色和黑色。当人到了50岁左右时，喜欢纯色的人便显著减少，喜欢的颜色一般由高纯度变为低纯度，由亮色变为暗色。

性别也往往被认为是造成色彩好恶不一的因素之一。但事实上，性别上的差异不会在普通包装色彩的爱好方面造成太大的影响。虽然男女在着装上的色彩差别很大，但那是由一些必须斟酌穿着打扮的场合和某些社会性的因素造成的。至于对色彩喜好的坦率表达，则男女大体相同。有不少人认为，男性较喜欢冷色，女性则喜欢暖色，但这主要是基于色彩本身所带给人的联想：冷色显得刚毅，富有男性特征；暖色显得温柔，具有女性气质。所以，谈到色彩在性别上的差异，这点也是设计中或多或少应遵循的原则。

3. 依据地域习俗

同一色彩会引起不同地域的人们各不相同的习惯性联想，产生不同的甚至相反的爱憎感情。因此，若想使商品占领国际市场，必须重视地域习俗所产生的色彩审美倾向。

以我国为代表的东方色彩具有很强的装饰性。我国传统色彩中以黑、白二色为基础，体现了辩证思维特点的“阴阳色彩观”，即“二气相交，产生万物”的观念。以黑、白二色为基础加上红、黄、青三原色所形成的五个正色，是我国传统的五色观。以五色配以不同的纹样即象征不同的方位：青龙为东、白虎为西、朱雀为南、玄武为北，中央是天子，为黄色。并将五色与五帝、五神、五行、五德联系在一起，构成五行说，如图3-2-1所示。如果以现代色彩观念来分析五色观，将五色分解开来，即为三原色（红、黄、青）加上两极色（黑、白），这正是色立体的最基本的构成因素。由此可见，即使以现代色彩观念来衡量五色观，它亦是很科学的方法。

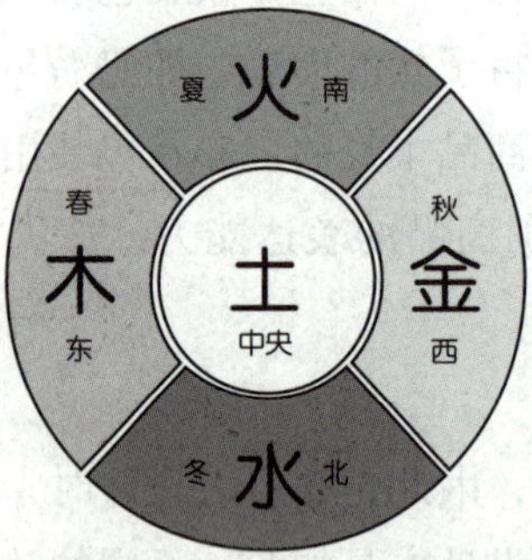

图3-2-1　五色与五行

图3-2-2　传统红色包装

中华民族是个衣着尚蓝、喜庆尚红的民族。中国人使用红色的历史最为悠久，民间对红色的偏爱，与我国原始民族崇拜有关。红色具有波光最长的物理特性，它的色彩张力对人们的视神经产生强烈的刺激作用，如图3-2-2所示。古往今来，红色以光明与正大、刚毅与坚强的色彩性格长期影响着我国人民的色彩习惯。

在我国历史上，正色被视为上等，含灰色被视为低级，一般追求高艳度、强对比的中国传统配色方法。这类配色手法，在现代包装色彩设计中可加以借鉴与吸收。由于地域的差异所引起对色彩的好恶不尽相同。同一颜色在某些国家或地区极受喜爱，但以这种色系设计的商品包装若到了其他国家或地区，却极有可能因是当地的忌讳色而不受欢迎。例如，西班牙人喜爱黑色，瑞士人却禁忌该颜色；荷兰、挪威、法国等国家的人们都喜爱蓝色，但埃及人却禁忌这种颜色。很多国家（如意大利、哥伦比亚、缅甸等）的消费者都认为食品包装的色调以鲜艳为好，但日本人却不这样认为，反而对白色、灰色情有独钟，日本自产的食品包装很多就是用这些色调来表现的。因此出口商品的包装对色彩的选用尤其要关注这一点，要投其所好、避其所恶，才能在商品竞争中占有优势。

色彩如同音乐的旋律，明显地呈现出自己的魅力，一名优秀的包装设计师除了具有艺术家对色彩审美价值的直接判断力，同时应该具有把色彩作为一种视觉语言的表现力。对包装色彩的运用，必须依据现代社会消费的特点、商品的属性、消费者的偏好、国际国内流行色变化的趋势等，使色彩与消费者的喜好相一致，从而更加有力地促进商品的销售。

知识链接

RGB与CMYK色彩模式

RGB色彩模式是工业界的9种颜色标准，是通过对红（R）、绿（G）、蓝（B）三个颜色通道的变化及它们相互之间的叠加来得到各式各样颜色的，这个标准几乎包括了人类视力所能感知的所有颜色，是目前运用最广的颜色系统之一。RGB是从颜色发光的原理来设计制定的，它的颜色混合方式就如红、绿、蓝三盏灯，当它们的光相互叠合的时候，色彩相混，而亮度却等于几种亮度之和，越混合亮度越高，即加法混合。

CMYK色彩模式是一种印刷模式。其中四个字母分别指青（cyan）、品红（magenta）、黄（yellow）、黑（black），在印刷中代表四种颜色的油量。CMYK模式在本质上与RGB模式没有什么区别，只是产生色彩的原理不同，在RGB模式中，由光源发出的色光混合生成颜色；而在CMYK模式中，由光线照到有不同比例C，M，Y，K油墨的纸上，部分光线被吸收后，反射到人眼的光产生颜色。由于C，M，Y，K在混合成色时，随着C，M，Y，K四种成分的增多，反射到人眼的光会越来越少，光线的亮度会越来越低，所以CMYK模式产生质色的方法又被称为色光减色法。

任务评价

色彩评价表如表3-2-1所示。

表3-2-1 色彩评价表

评价项目	具体要求	评价			
		优秀	良好	需改进	建议
包装色彩	（1）包装色彩的基本功能				
	（2）包装色彩的视觉心理				
	（3）包装色彩的运用				
学生自我评价	（1）能按照要求进行训练				
	（2）分析能力强，有合作意识				
	（3）发挥积极的作用				
小组活动评价	（1）团队合作良好				
	（2）训练中相互帮助				
	（3）对团队有贡献				
	（4）对团队成果满意				
收获		个	个	个	

任务三 文 字

任务目标

像广告设计一样，包装设计有时可以没有图形，但是不可以没有文字，文字是包装设计中必不可少的要素。许多好的包装设计都十分注意文字设计，甚至完全以文字变化来处理、装潢画面。文字是“形”和“义”的载体，作为视觉传达的有效工具，它在包装设计中起着举足轻重的作用，是传达商品信息必不可少的组成部分。消费者通常凭借包装上的文字去认识和理解商品的品质、性能、产地、使用方法等信息，从而了解生产商品企业的文化。优秀的包装文字不仅能清晰准确地传达出商品的属性，而且能以独特的视觉效果吸引消费者的关注，有助于树立良好的商品形象，促进商品销售。

任务要求

包装文字包括基本文字、包装牌号、品名和出产企业名称，一般安排在商品的主要展示面上，生产企业名称也可以编排在侧面或背面。牌号字体一般做规范化处理，有助于树立商品形象。品名文字可以加以装饰变化。

资料文字，包括商品成分、容量、型号、规格等。其编排部位多在包装的侧面、背面，也可以安排在正面。设计要采用印刷字体。

说明文字，即说明商品用途、用法、保养方法、注意事项等信息的文字。说明文字内容要简明扼要、字体应采用印刷字体，一般不编排在包装的正面。

广告文字，是宣传商品内容特点的推销性文字，应做到诚实、简洁、生动，切忌欺骗与啰唆，其编排部位多变。但是，广告文字并非必要文字。

任务驱动

一、包装文字概述

包装文字设计是一种既有审美意义又具有信息意义的综合性设计，它是以研究字体结构、字体联想及文字编排为主要内容，探讨文字造型风格理论与技术的设计，包括情调确立、字形提炼、文字编排、构图分析和形式表现等一系列思维创造过程。在设计包装文字时，应该注意把握商品的具体要求，结合商品的物质性能和信息受众及包装容器的造型、结构、材料与工艺手段等方面进行综合分析，不仅要考虑到文字表意性的传达功能，而且要注意文字表现性的装饰功能。

二、包装文字类型

从设计角度看，包装上的文字主要有主体文字和说明文字两种。前者要求文字醒目、明朗，在包装画面中，要将其安排在重要的位置；而后者则作为一种装饰，起到美化包装的作用，可以安排在相对次要的地方。

1. 主体文字

包装主体文字指表示商品的品牌名与品名的文字，是商品包装上最重要、最醒目的文字，它既是包装形象的主体部分，也是包装平面的构图中心，一般将其安排在包装的主要展示面上。在进行主体文字设计时，首先要注意文字的认知度和文字的可识别性，以方便消费者理解和记忆；其次要强调文字的艺术性，设计要醒目、有个性、有意味，以吸引消费者的注意和兴趣；最后要表现出商品的属性特征，以简化消费者的认知过程。

2. 说明文字

说明文字主要是用来说明商品的规格、重量、型号、成分、产地、用途、功效、生产日期、保质期、使用方法、保养方法、生产厂家等信息的文字，有的还兼有广告宣传的作用。说明文字有以下几种类型。

（1）宣传文字。这类文字要从消费者的需求特点出发，强调该商品给消费者带来的优于同类商品的特点和好处，以引起消费者的注意，并使消费者产生兴趣，如商品包装上的广告语。宣传文字的内容应简洁、生动，且真实、可信。

（2）介绍文字。这类文字主要是介绍商品的属性、特征，以帮助消费者把握商品的价值，思考该商品是否满足自己的需要，如包装上关于商品规格、重量、用途、功效等的文字。

（3）提示文字。这类文字主要是说明商品的使用方法、用法用量、注意事项等信息，作用在于指导消费者正确地使用商品，以防止误操作而引起事故，如药品包装上的使用方法、化学用品包装上的警告文字等。

（4）祝福文字。这类文字以祝福、赞美等美好词句来与消费者进行情感上的沟通，拉近与消费者之间的距离，如节日期间商品包装上的祝福文字等（如图3-3-1所示）。

图3-3-1 包装上的祝福文字

说明文字往往在消费者购买决策中起到重要的推动作用，因此其字体应清晰、顺畅，易于阅读和理解，使用统一规范的印刷字体，其编排位置根据文字的主次关系和包装的形态确定。

三、包装文字设计与应用

商品包装上的文字为了突出品牌形象，一般会对品牌字体进行装饰和加工设计，以强化文字的内在含义和表现力，使品牌字体风格变化多样、生动活泼，呈现鲜明的个性。

1. 品牌字体的设计原则

品牌字体的设计原则主要有以下三个方面。

（1）保证文字的可读性。文字最基本、最重要的功能是信息的交流与沟通，这是在品牌字体设计中必须遵循的原则。在进行品牌字体设计时，一般将形象变化较大的部分安排在次要的笔画上，以保证文字本身的绘写规律，确保文字的可读性。

（2）造型统一原则。一般品牌字体会由一个以上的字符组成，共同构成品牌形象。因此在字与字之间的造型手法需要具备统一性，以保证品牌整体形象的表现力。

（3）从商品内容出发。品牌字体的设计应该围绕商品的内容来进行。品牌字体的视觉特征应该符合商品本身的属性特点或卖点，使形式和内容得到统一。

2. 品牌字体设计的变化范围

对品牌字体的设计需要在一定的范围内进行，主要有以下几种。

（1）笔形变化。各种基础字体都有独特的笔形特征。在进行品牌字体的笔形变化设计时，必须注意变化的统一性和协调性，保持主笔画的基本绘写规律，如图3-3-2所示。

图3-3-2　字体设计中的笔形变化

（2）外形变化。通过拉长、压扁、倾斜、弯曲、角度立体化等手法，改变文字的外部结构，如图3-3-3所示。尽量避免使用复杂的外形或与文字本身外形差距较大的形状。

图3-3-3　字体设计中的外形变化

（3）排列变化。打破文字原有的规整排列，重新安排排列秩序，如图3-3-4所示。这种变化不仅可以使品牌字体呈现全新的动感和生命力，而且可以调整字符之间的距离，构成独特的视觉效果，但其调整后，必须符合人们的阅读习惯。

图3-3-4　字体设计中的排列变化

图3-3-5　字体设计中的结构变化

（4）结构变化。基础字体的结构通常空间疏密布局均匀、重心统一，并位于视觉中心处。改变文字的笔画疏密关系或文字的重心，可以使字体变得新颖别致，如图3-3-5所示。需要注意，在变化字体结构的时候，应保证变化的统一性，避免出现杂乱的效果。

3. 品牌字体设计的表现手法

字体设计的表现手法众多，最常用的有如下几种。

（1）字形变化。对品牌字体整体外形做透视、弯曲、倾斜、宽窄等变化。

（2）笔形装饰。对笔形特征进行图案化、线形变化、立体化等装饰，如图3–3–6所示。

图3–3–6　字体设计中的笔形装饰

（3）重叠与透叠。将文字与图形或文字与文字进行重叠，并透出相交部分的形态，使字符之间的关系更加紧密，强调层次感和整体感。

（4）断笔与缺笔。对文字中个别次要的笔画进行断开或省略化处理，但需要注意使文字保持可读性。

（5）借笔与连笔。如图3–3–7所示，借笔是指运用共用“形”的手法，使整体品牌字体造型更加简洁并富有趣味；连笔则增强了整体感。但这类手法对字与字之间的联系要求较高，并不适用于所有文字。

图3–3–7　字体设计中的借笔与连笔

（6）变异。在统一的整体形象中，对个别部分或笔画进行造型变化，使文字的含义更加形象化。

（7）图地反转。运用图与地之间阴阳共生的生系，充分发挥品牌字体中的空白部分（地）的表现力，使字体形象更加紧凑，如图3–3–8所示。

图3–3–8　字体设计中的图地反转

图3–3–9　字体设计中的空间变化

（8）空间变化。运用透视、光影、投影、空间旋转、笔画转折等立体化形象处理手法，使字体更加醒目，如图3–3–9所示。

（9）排列变化。重新编排字符之间的排列关系，增强活力和空间变化。

（10）形象化。将文字与具体形象相结合，使文字的含义更加外露，以利于信息传达，并且更易记忆，如图3-3-10所示。

（11）手写体。运用毛笔、钢笔等不同风格的笔形特征或不同肌理的纸张，产生视觉风格的多样性。该方法需要结合商品的属性和个性进行设计。

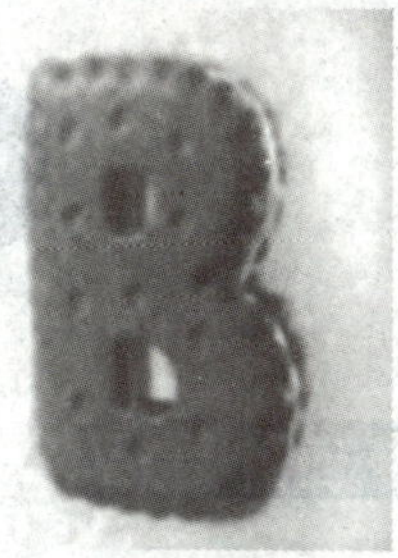

图3-3-10　字体设计中的形象化

知识链接

字　体

字体一般分为衬线字体（如宋体）和非衬线字体（如黑体）。前者笔画开始、结束的地方有额外的装饰，而且笔画的粗细不同，衬线体粗细不同（可读性更佳），可用于大段落文章，以增加阅读时对字母的视觉参照；后者没有额外的装饰，而且笔画的粗细差不多，简洁、时尚、轻松休闲、干净，笔画对比较弱，不及衬线字体。

汉字分为单体字与合体字。单体字，即由一个偏旁单独构成的字；合体字是由两个或两个以上偏旁组合成的字。汉字轮廓形似方块，但是由于笔画不同，字体轮廓的形状呈现不同的形状，所以，在视觉均衡上会有些许偏差。尤其是单体字与合体字组合笔画有时会显得不美观。所以，我们要在不同形状的字形上做调整和处理，让它们看起来更加完整、均衡。

任务评价

文字评价表如表3-3-1所示。

表3-3-1　文字评价表

评价项目	具体要求	评价			
		优秀	良好	需改进	建议
包装文字	（1）包装文字概述				
	（2）包装文字的类型				
	（3）包装的文字设计与应用				
学生自我评价	（1）能按照要求进行训练				
	（2）分析能力强，有合作意识				
	（3）发挥积极的作用				
小组活动评价	（1）团队合作良好				
	（2）训练中相互帮助				
	（3）对团队有贡献				
	（4）对团队成果满意				
收获		个	个	个	

任务四　各国包装设计禁忌

任务目标

简单地讲，禁忌是普通人必须避讳的人、物或事。国际商贸禁忌是指国际商贸中不应讲的话或不应做的行为，商贸不能不重视禁忌，包装设计同样要重视禁忌。不同的国家或地区有不同的文化背景、宗教信仰、风俗习惯、道德观念、生活方式，因而也就有该国家或地区人们喜爱或禁忌的图案及相应的规定，商品的包装只有适应这些风俗或规定，才有可能赢得当地人们的认可。如果出口商品的包装设计不讲究禁忌，不仅商品不能销售出去，甚至会引起法律诉讼和民族冲突。因而了解这些知识对于包装设计是很有必要的。

一、对于文字的规定

由于各国国情不同，存在文化差异，所以对包装上的文字使用也有不同的规定。如希腊商业部规定，凡进口到希腊的外国商品包装上的字样，除法定例外者，均要以希腊文书写清楚，否则将追诉处罚代理商、进口商或制造商。其中，包装上要书写的项目包括代理商或公司名称，进口商或制造商全名（如有两家以上也要逐一写明），上述商品公司营业地址与城市名称，制造国家名称，货品的内容和种类，货品净重量或液体货品毛重量。加拿大政府规定，进口商品包装上必须同时使用英、法两种文字。销往法国的商品装箱单及商业发票须用法文，包装标志、说明不以法文书写的应附法文译注。销往阿拉伯地区的食品、饮料，必须用阿拉伯文字说明。销往巴西的食品，要附葡萄牙文译文。有的国家在数字上的禁忌也是包装设计所要注意的问题，如日本人忌讳“4”和“9”这两个数字，因此，出口日本的商品，就不能以“4”为包装单位，像四个杯子一套、四瓶酒一箱这类包装，在日本都是不受欢迎的；欧美人则忌讳“13”这个数字。

二、对包装材料的规定

品质优良的商品要选用相应的优良包装材料，才能使商品的内容与形式相得益彰。但是在某些国家常用的包装材料，在其他国家未必适宜使用。

例如，美国规定，为防止植物病虫害的传播，禁止使用稻草作为包装材料，其海关一旦发现稻草包装材料，必须当场烧毁；日本、加拿大、毛里求斯及欧洲若干国家都禁用稻草、干草和报纸屑作为包装衬垫物；埃及禁用原棉、葡萄树枝、旧材料或易于滋生害虫、寄生虫的植物材料作为包装衬垫物。

新西兰农渔部农业检疫所规定，进口商品包装严禁使用以下材料：土壤、泥灰、干草、稻草、麦草、谷壳或糠、生苔物、用过的旧麻袋和其他废料等。菲律宾卫生部和海关规定，凡进口的货物禁止用麻袋和麻袋制品及稻草、草席等材料包装。一些通常以原木包装的葡萄酒（如图3-4-1所示）在出口到澳大利亚时，需提前准备好其木料证明，因为澳大利亚海关规定，凡用木箱包装（包括托盘木料）进口货物时，均需提供熏蒸证明。

图3-4-1　原木包装的葡萄酒

三、对使用色彩的要求

不同的民族，由于风俗习惯、宗教信仰不同，对色彩会有不同的禁忌。“入乡随俗”“随俗为变”，对于打入国际市场的商品必须考虑不同国家或民族对色彩的好恶习俗，以免出现不必要的漏洞。对出口商品包装进行设计时，应根据世界各国人民的生活习俗选择适宜的色彩。

不同国家的人对色彩有不同的反应：美国人喜欢鲜明的色彩，尤其是对红、蓝、白三色非常有好感，因为这是美国国旗的配色；巴西人以紫色为悲伤，暗茶色为不祥之兆，对此极为反感；法国人视鲜艳色彩为高贵；瑞士人以黑色为丧服色，而喜欢红、灰、蓝和绿色；荷兰人视橙色为活泼色彩，橙色和蓝色代表国家的色彩；丹麦人视红、白、蓝色为吉祥色；意大利人视紫色为消极色彩，其服装、化妆品及高级的包装喜好用浅淡色彩，食品和玩具喜好用鲜明色彩；埃及人喜欢绿色；印度人喜欢红色；奥地利人、土耳其人喜欢绿色，而法国人、比利时人、保加利亚人讨厌绿色。

因此，了解出口国家包装物的禁忌色彩，对设计出口商品包装至关重要。如我国出口德国的红色鞭炮曾在相当长一段时期内打不开销售局面，导致商品滞销。我国出口企业在进行市场调研后，将鞭炮表面的包装用纸和包装物颜色改成灰色，结果使鞭炮销售量直线上升。

四、禁用的标志图案

法国人忌用核桃，忌用黑桃图案，商标上忌用菊花，视孔雀为恶鸟，忌讳仙鹤、乌龟、人。与法国人一样，英国也视孔雀为恶鸟，而视马为勇敢的象征，英国商标上忌用人像作商品包装图案，忌用大象、山羊图案，却喜好白猫。对德国出品的商品和包装上，禁用类似纳粹和纳粹军团的符号做标记。瑞士人忌讳猫头鹰。此外，欧洲人中除比利时人视猫为不祥之物外，其他国家的人大多喜欢猫；巴西人禁用紫色作商品图案，因为紫色用于葬礼；利比亚人对进口商品包装禁用猪的图案和女性人体的图案。另外，国际上视三角形为警告性标志，所以忌用三角形作出口商品的商标。

任务评价

各国包装设计禁忌评价表如表3-4-1所示。

表3-4-1　各国包装设计禁忌评价表

评价项目	具体要求	评价			
		优秀	良好	需改进	建议
各国包装设计禁忌	(1) 对于文字的规定				
	(2) 对包装材料的规定				
	(3) 对使用色彩的要求				
	(4) 禁用的标志图案				
学生自我评价	(1) 能按照要求进行训练				
	(2) 分析能力强，有合作意识				
	(3) 发挥积极的作用				
小组活动评价	(1) 团队合作良好				
	(2) 训练中相互帮助				
	(3) 对团队有贡献				
	(4) 对团队成果满意				
收获		个	个	个	

项目四

包装设计工艺

项目导读

本项目主要讲述包装设计与材料（即材料的分类及发展趋势）、包装与印刷（即印刷的主要类型、印刷要素与流程、制版稿制作基本要求）及包装防伪工艺设计。通过本项目的学习，对包装设计工艺（如包装材料的选择、印刷及包装防伪工艺等）进行深入的了解。随着现代科技的不断发展，包装设计工艺也不断更新换代，作为设计师，要时刻紧跟时代的脚步，了解并根据需求，敢于运用新的包装设计工艺。

任务一 包装设计与材料

任务目标

包装材料是指用于制造包装容器和构成商品包装的材料总称。社会科技的发展使各种新型的材料不断诞生并被使用，包装材料从天然材料发展到合成材料，从单一材料发展到复合材料，材料的互相渗透已成为世界性的发展趋势和必然。包装材料代表的是一个新时代的文化信息，是一种新生力量在生活中的体现，包装材料的应用使包装文化的美感具有了时代感、流行性和普及性。

任务要求

包装设计中，对于材料的选择非常重要，不同的材料给人以不同的视觉感受。当然，包装材料的种类有很多，如棉麻质的、陶质的、木质的等。本任务主要对构成现代包装材料四大支柱的纸、塑料、金属、玻璃进行讨论。

任务驱动

一、包装材料的分类

1. 纸包装材料

纸包装材料是包装行业中应用最为广泛的一种材料，它加工方便、成本低廉，适合大批量机械化生产，而且成型性和折叠性好，材料本身也适于作精美印刷。纸包装材料的种类有以下几种。

（1）白纸板。这种纸是一种里层用废纸浆或草浆抄造，以漂白化学浆挂面的纸板。其面层洁白，印刷适性好，有的还可以覆膜，多用于印刷精美的商品包装盒，如图4-1-1所示。

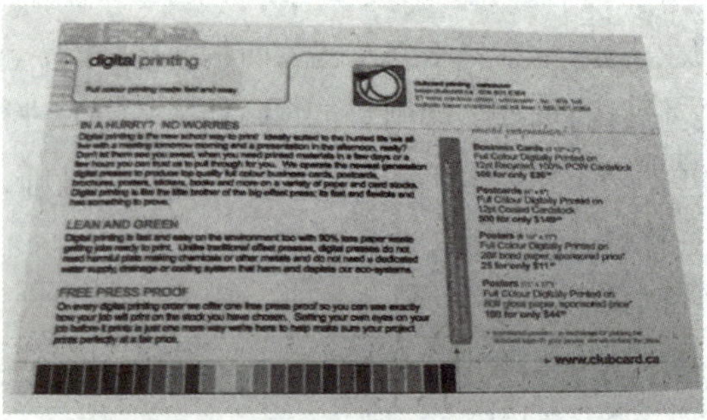

图4-1-1　白板纸印刷的包装

图4-1-2　黄纸板盒

（2）黄纸板。这种纸是一种厚度为1～3 mm、硬而结实的板纸，常被用作盒体或讲义夹、日记本等用品的面壳和内衬的板纸，如图4-1-2所示。

（3）瓦楞纸板。这种纸是一种以瓦楞芯纸为中间层的纸板。芯纸在瓦楞机上起楞而呈波浪状，然后在一边或两边粘贴面纸，组成高强度的纸板，如图4-1-3所示。瓦楞纸板种类繁多，有单面瓦楞纸板、双面瓦楞纸板、双层及多层瓦楞纸板等。其通常用作二级包装，因为它的保护性能优于卡纸板，可防止商品在运输过程中出现破损。当然，较细较薄的瓦楞纸也可用作销售包装的材料。

（4）铝箔纸。如图4-1-4所示，铝箔纸是金属纸质，由铝箔和薄纸黏合而成，是一种防潮、隔热、遮光、紧密而不透气的加工纸。它一般用于香烟、食品及高档包装的内壁或作为包装的内衬。

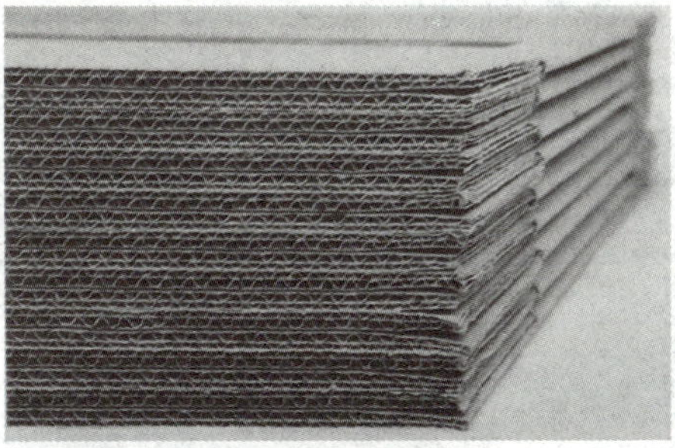

图4-1-3　瓦楞纸板

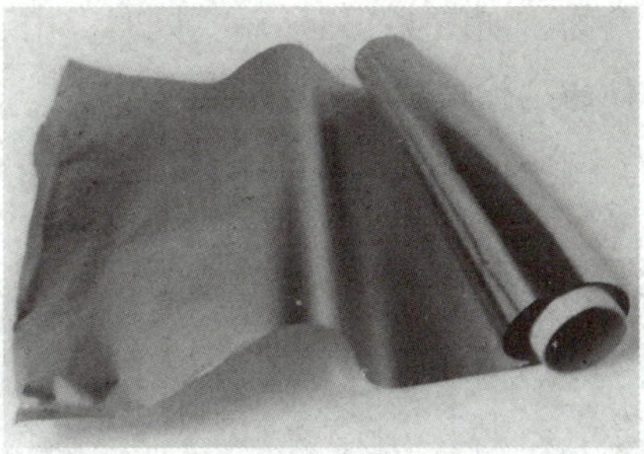

图4-1-4　铝箔纸

（5）铜版纸。它是一种以化学木浆为原料，在制造的原纸上涂上白色涂料，并经超级压光处理而制成的高级印刷用纸。其纸质细腻，纸面洁白富有光泽，特别适合用于制作画册、画报等精细彩色印刷。铜版纸可分为单面铜版纸和双面铜版纸。一般铜版纸重40~250 g/m²，200 g以上的称铜板卡纸。图4-1-5为铜版纸印刷的手册。

（6）牛皮纸。这种纸的特点是表面粗糙多孔，抗拉强度和抗撕裂强度高。牛皮纸又分为袋用牛皮纸（如图4-1-6所示）、条纹牛皮纸、白牛皮纸等。由于其成本低、价格低廉、经济实惠，并且具有别致的肌理特征，常常被设计师应用在传统食品及一些小工艺品的包装上。

图4-1-5　铜版纸印刷的手册

图4-1-6　牛皮纸袋

（7）玻璃纸。这种纸是以天然纤维素为原料制成的，有原色、白色和各种色彩之分。玻璃纸的特点是薄而平滑，表面具有高强度和透明度，抗拉强度大，伸缩度小，印刷适应性强，富有光泽，而且其保香味性能好，具有防潮、防尘等作用，因此多用于糕点等即食食品的内包装，如图4-1-7所示。

图4-1-7　玻璃纸包装

（8）蜡纸。这种纸就是在玻璃纸的基础上涂蜡制成的，它具有半透明、不变质、不黏、不受潮、无毒性的特点，是很好的食品包装材料，可直接用来包裹食物，如图4-1-8所示。同时，由于它具有半透明的特点，也常与其他材料搭配使用，使商品外包装形成朦胧的美感。

（9）过滤纸。这种纸的主要用途是用来包装袋泡茶，如图4-1-9所示。

图4-1-8　蜡纸包装

图4-1-9　过滤纸包装的茶

2. 塑料包装材料

塑料是一种人工合成的材料，属于天然纤维构成的高分子材料，与纸张不同。由于配料成分、聚合方式及加工环境、条件、方法的不同，生产出的塑料产品性能、种类也不同。按照包装形式不同，它可分为塑料薄膜（如图4-1-10所示）和塑料容器（如图4-1-11所示）两大类。

塑料薄膜具有强度高、防水防油性强、高阻隔性特点，主要用于内包装材料和生产包装袋的材料。塑料薄膜根据使用需求不同和加工成型方法各异，主要可分为单层材料和复合材料。

塑料容器是以塑料为基材制造出的硬质包装容器，可取代木材、玻璃、金属、陶瓷等传统材料，其优点是成本低、重量轻、可着色、易生产、易成型、耐化学性，缺点是不耐高温、透气性较差等。

图4-1-10　塑料薄膜

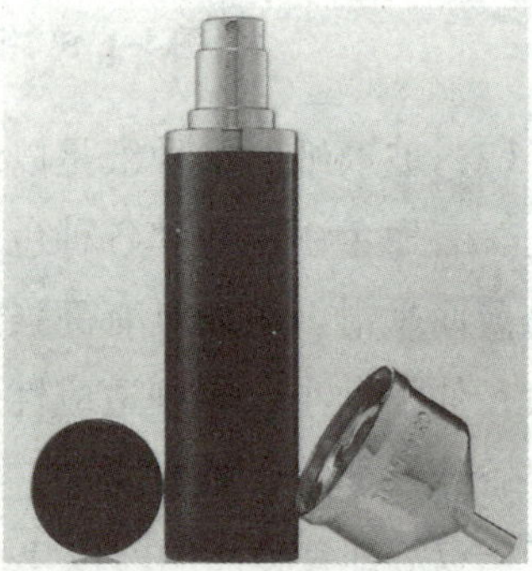

图4-1-11　塑料容器

塑料容器包装的成型方法主要有下列几种：一是挤塑（即挤出成型），主要用于生产管材、片材、柱形材等特定型材；二是注塑（又称注射成型），这种工艺需要制造模具，成本较高，但是可以保证制品尺寸精确、表面光洁，适合大批量生产，该工艺目前已被广泛地应用于塑料杯、塑料盒、塑料瓶、塑料罐等塑料容器的生产制造；三是吹塑，它是制造中空瓶型容器（如化妆品瓶、饮料瓶、调料瓶等）的主要方法。

3. 金属包装材料

金属材料在19世纪初开始成为新的包装材料，它的出现最初源于军队远征时长期保存食物的需要。随着工业化的发展和制造技术的进步，金属包装以密封性好，可以隔绝空气、光线、水汽的进入，阻止气味的散出，抗撞击性能高等特点，逐渐为人们所喜爱。同时，随着印铁技术的发展，金属包装的外观也越来越漂亮，呈现出艺术化发展的趋势。目前常用的金属包装材料主要有镀锡铁皮、铝及铝箔、复合材料等几种。

镀锡铁皮是最早使用的金属包装材料。现在的镀锡铁皮通常是采用厚度为0.5 mm以下的软钢板制成积层材料，大多用于食品罐包装（如图4-1-12所示），并且采用电镀技术，以增强材料的耐蚀性。

铝材用于包装的历史比铁皮要晚一些，它的出现使金属包装材料产生了大的飞跃。铝材的重量轻（为镀锡铁皮重量的1/3）、质地软、易加工成型、没有金属离子溶出时产生的异味、无毒、无生锈现象、印刷性良好，近年来被大量用来做生产制罐的材料，尤其是用于易拉罐的制造。此外，铝箔也是重要的铝质包装材料，它具有良好的适用性、经济性、卫生性，其硬度大、防湿性好、不透水、保香保味性好、防霉菌、防虫、极为清洁，非常适合作为食品类的包装，而且它具有保温功能，适用于冷冻食品的包装。总的来说，铝箔具有明亮的光泽，是一种理想的食品和日用品包装材料。

图4-1-12　食品罐包装

4. 玻璃包装材料

玻璃包装材料的主要原料是天然矿石、石英石、烧碱、石灰石等，它具有高度的透明性及抗腐蚀性。玻璃制造工艺简单，造型自由多变，硬度大、耐高温、易清理，也可以反复使用，主要用于酒类、油类、饮料、调味品、化妆品、液态化工产品的包装。它的缺点是重量大、不耐冲击、运输存储成本高等。玻璃主要分为钠玻璃、铅玻璃、硼硅玻璃三种，如图4-1-13、图4-1-14和图4-1-15所示。钠玻璃为普通玻璃，又称为软玻璃，质地脆、易熔化、抵药剂性能差，略带青绿色；铅玻璃是由高铅含量的光学玻璃加工而成的，内材清洁，透明度高，具有很强的防辐射能力；硼硅玻璃的耐酸性强，硬度适当，容易加工。

图4-1-13　钠玻璃

图4-1-14　铅玻璃

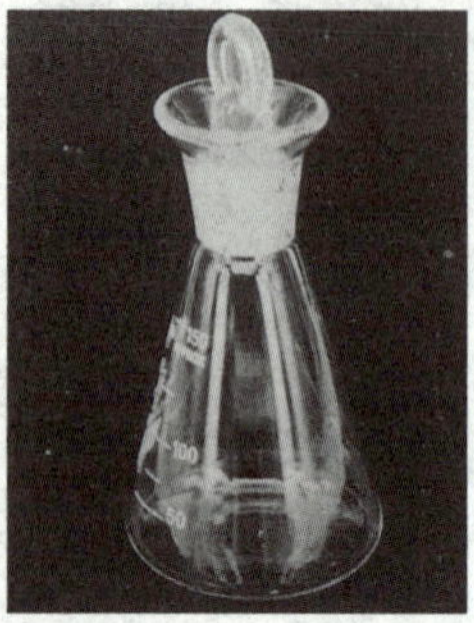
图4-1-15　硼硅玻璃

玻璃容器的成型按照制作方法可以分为人工吹制、机械吹制和挤压成型三种。人工吹制是传统的手工制造方式，其方法为使用长的真空吹管以人嘴吹制，现在主要用于制作形状复杂的工艺品。机械吹制是用机器进行大规模生产，主要用于制造形状固定、要求制式标准、批量大的玻璃容器。挤压成型是将玻璃原料熔化，注入模具中挤压而成的，模具表面的光泽度和肌理会直接反映在玻璃表面上，用这种方法生产的玻璃容器价格低、产量高、外形美观，但是壁体较厚。

除了以上四种主要应用的包装材料以外，木材、陶瓷、纺织品、皮革、藤、竹等也常被用作包装材料，特别是在个性化包装设计中。例如竹子材料，质地精纯、柔雅亲和、纹理清晰、手感舒适，用作土特产的包装，不但丰富了商品的艺术风格，而且在很大程度上提升了人们的审美观念和环保意识，以材质美感来凸显商品的民族特色和文化品位。

二、包装材料的发展趋势

一种新材料的出现，就会使一种包装形式具有鲜明的时代标记。从19世纪开始，随着工业化的发展，包装材料逐步丰富：1800年出现了机制的木箱；1818年制成了镀锡的金属罐；1856年英国人发明了瓦楞纸，并在1871年得到应用；1895年金属软管被应用于牙膏、药膏等产品的包装；1908年瑞士化学家发现了玻璃纸，该技术于1924年传到美国，被美国杜邦公司用于食品包装；1927年发现了聚乙烯，并于1930年被广泛地应用于包装领域；20世纪后半期，铝箔被应用于冷冻食品包装；1950年美国人开发了层压技术，从此开创了复合材料的新时代。

新材料凝聚了高科技的力量，更加科学合理、安全可靠，也更加注重材料是否有益健康和无公害，更加充分考虑环保、再利用等方面的因素。目前，资源消耗和环境保护已成为全球生态的两大热点问题，因而也对包装材料提出了新的要求。在以往的包装材料中，一些不能分解的有毒物质会造成环境污染，导致自然界的恶性循环，因此，可以回收利用且环保的新型复合材料受到青睐，如牛奶、果汁饮料类包装采用纸塑复合材料代替玻璃、金属等材料，大量节省了包装能源成本；同时，又较好地保持了食品的风味和质量，并具备时代的美感。

设计师在设计包装时，应在符合商品定位的基础上，遵循适用、经济、美观、方便、科学的原则，用那些保护性好、安全性高，且取材方便，易于加工、易于回收，经济环保的材料，避免华而不实的包装，尽量减少包装用料，提高重复使用率，降低综合包装成本，使商品包装、人与环境建立和谐关系，不断开发可控生物降解、光降解及水溶性的包装材料。在推出新型包装材料的同时，同步提高可回收再利用的技术水平，把包装对生态环境的破坏降到最低限度。

知识链接

气泡布

气泡布其实不是布，而是一种塑胶包装材料，一般呈透明状，上面布满注入空气的小气泡，又称为气泡纸、泡泡纸，如图4–1–16所示。由于气泡能起到有效缓冲、避免包裹碰撞的作用，因此通常被用来包扎易碎或不耐冲击的物品。有些气泡布被做成袋状，或被贴附在纸制封套里面，可直接装入物品。气泡布最初是由美国一家公司的研究人员发明的，该公司的研究人员从幼童使用的塑胶游泳池中得到启发。现在的气泡布一般是由两块PE塑料组成的，制作方法是在其中一面塑料成型后突出的圆柱状中央注入空气后，再用另一块封闭，这样就能起到防压的作用。

图4–1–16 气泡布

一般使用者会利用有气泡突起的一面来包裹物品，但实际上，无论用任何一面，其效果都是相同的。气泡布常用于包装博物馆、美术馆的收藏品，如果只用气泡布包裹，应以“塑料面”接触藏品，“气泡”朝外，这是为避免气泡于长时间包装成外在环境因素导致塑料老化而在藏品上留有气泡形状，材质较敏感的藏品（如相片）的反应更甚。但如果需要长时间包装或收存藏品，尽量不要使用塑料材料包装，或换以无酸塑料材料。

任务评价

包装设计与材料评价表如表4-1-1所示。

表4-1-1　包装设计与材料评价表

评价项目	具体要求	评价			
		优秀	良好	需改进	建议
包装设计	(1) 包装材料的分类				
	(2) 包装材料的发展趋势				
学生自我评价	(1) 能按照要求进行训练				
	(2) 分析能力强，有合作意识				
	(3) 发挥积极的作用				
小组活动评价	(1) 团队合作良好				
	(2) 训练中相互帮助				
	(3) 对团队有贡献				
	(4) 对团队成果满意				
收获		个	个	个	

任务二　包装与印刷

任务目标

印刷在人类文明与信息传播过程中扮演着重要的角色，并与现代包装设计有着密切的联系。可以说，包装的发展是伴随着印刷等技术的发展而发展起来的，包装中色彩斑斓、图案丰富的视觉效果是通过印刷和工艺来实现的。

任务要求

对于设计师来讲，在对一件作品进行定位、构思的同时，应该考虑它的印刷制作问题。早期设计师设计包装主要采用手绘的方法，随着电子计算机的普及与应用，电脑设计逐渐取代了手工操作，电子设备与印刷之间的交流日益频繁。图4-2-1所示为运行中的印刷机。

图4-2-1 运行中的印刷机

包装印刷的主要类型：凸版印刷、凹版印刷、平版印刷、丝网印刷。

印刷的要素：原稿、印版、印刷油墨、承印物、印刷机械。

印刷的流程：设计稿、照相与分色、制版、拼版、打样、加工成型。

制版稿制作基本要求：分辨率、色彩输出模式（如图4-2-2所示）、专色设置、模切版制作、“出血”设置、套准线设置、条形码的制版与印刷。

图4-2-2 四色色版（CMYK颜色）

任务驱动

一、包装印刷的主要类型

1. 凸版印刷

凡是印刷版面上的印纹凸出，而非印纹凹下的印刷通称凸版印刷，如图4-2-3所示。

原理：由于印刷版面上印纹凸出，当油墨辊滚过时，凸出的印纹沾有油墨，而非印纹的下面部分则没有油墨。

优缺点：凸版印刷是历史最为悠久的印刷方法。我国古代的雕版印刷和活字印刷术都属于凸版印刷。由于凸版印

图4-2-3 凸版印刷

刷中大量使用金属板材，制版过程相对复杂，周期长，因而难与平版印、版印、柔性版印刷竞争。

适应面：凸版印刷最适合以色块、线条为主的一般包装（如瓶贴、盒贴、吊牌和纸盒）等，也可印制塑料膜。

2. 凹版印刷

与凸版相反，凹版印刷的印纹陷于版面下，而非印纹部分是凸起来的，如图4-2-4所示。

原理：油墨辊滚在版面上以后，自然落入凹陷的印纹之中，随后将平滑表面上的非印纹部分油墨刮擦干净，只留下凹陷印纹中的油墨。

优缺点：凹版印刷的优点是使用的压力较大，印刷品的墨色厚实，表现力强，层次丰富，色泽鲜艳，且印量大，适应的纸张范围大，也可以印塑料薄膜、金属等。缺点是制版过程复杂，不适合小批量印刷。

图4-2-4　凹版印刷效果

3. 平版印刷

平版印刷的印纹和非印纹几乎在一个平面上，利用水油不相溶原理，使印纹保持油质，而非印纹部分则经过水辊吸收了水分。

原理：油质的印纹沾上了油墨，吸收了水分的非印纹则不沾油墨，油墨转印到纸张而成。

优缺点：平版印刷是由早期的“石版印”发展而来的，后改用金属锌或铝作版材，也称柯式印刷法。其印品吸墨均匀，色彩丰富，色调柔和，但油墨稀薄，光亮度也稍差，不适合批量小的印品。图4-2-5为平版印刷的印版。

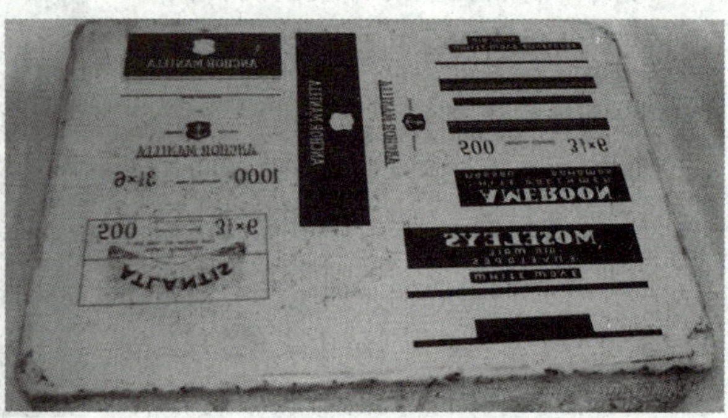

图4-2-5　平版印刷的印版

适应面：平版印刷被广泛地用

于色彩照片或以写实为主的包装装潢画面，能够充分表达景物的质感和空间感，铁盒也多用平版印刷。

4. 丝网印刷

丝网印刷的流程是先将蚕丝、尼龙、聚酯纤维或金属丝制成丝网，绷在木制或金属制的网框上，使其绷紧固定，再在其上涂布感光胶，经曝光、显影，使丝网上的图文部分成为通透的网孔，非图文部分的网孔被感光胶封闭。丝网印刷也称孔版印刷。

原理：印刷时，将油墨倒在印版一端，用刮墨板在丝网印版上的油墨部位施加一定的压力，同时向丝网的另一端移动，油墨在刮板挤压下，从丝网通孔中漏至承印物上，完成一色的印刷，如图4-2-6所示。

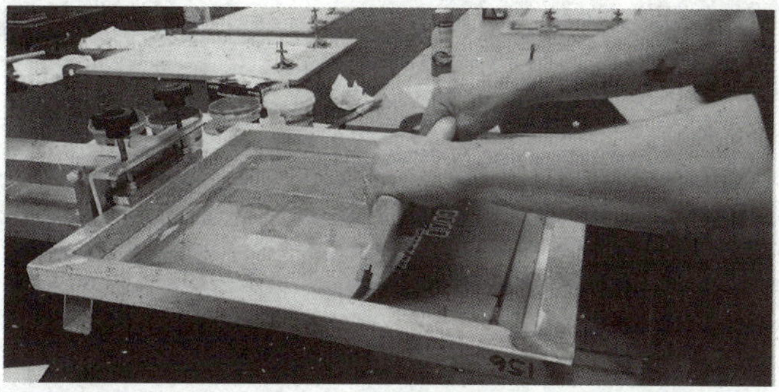

图4-2-6 丝网印刷

优缺点：丝网印刷的优点为油墨浓厚，色调鲜艳，可承印各种印物，如纸、布、铁皮、塑料膜、金属片、玻璃等；也可以在立体或曲面物（如盒、箱、罐、瓶等）上印刷。缺点是印刷速度慢、产量低，不适于大批量印刷。

二、印刷要素与流程

1. 印刷要素

常规印刷必须具备原稿、印版、印刷油墨、承印物、印刷机械五大要素。

（1）原稿。原稿是制版和印刷复制的对象或基础。印刷是复制加工艺术，在加工过程中，必须忠实于原稿，保持原稿的独特风格和艺术性，所以原稿是印刷必备条件之一。

（2）印版。将原稿的图像或文字通过物理或化学的方法转移到金属板表面，形成印刷的图文部分和非印刷的空白部分，这种金属板即印版，如图4-2-7所示。印刷时，非图文的空白部分不着墨，图文部分着墨，在压力作用下，使着墨的图文转移

图4-2-7 印版

到承印物上。

（3）印刷油墨。油墨是承印物获取印版图文的着色剂，也是主要材料之一。印刷时，将油墨均匀地涂布在墨辊上，墨辊墨层再传递给印版着墨的图文部分。图4-2-8为印刷油墨。

图4-2-8　印刷油墨

图4-2-9　纸张

（4）承印物。其一般是指印刷的纸张（如图4-2-9所示）。此外，还有塑料薄膜、金属、木材、玻璃等。

（5）印刷机械。它是印刷加工的主要工具。其主要功能是将油墨涂布在印版上，再在压力作用下，将印版图文墨迹转移到承印物上，如图4-2-10所示。

图4-2-10　印刷机械

2. 印刷工艺流程

（1）设计稿。它是印刷元素综合设计的体现，包括图片、插图、文字、图表等。目前在设计中普遍采用电脑辅助设计。

（2）照相与分色。彩色画稿或彩色照片上的颜色数有成千上万种，如果要把这些颜色一色一色地印刷，几乎是不可能的。目前印刷上采用的是四色印刷的方法，即先将原稿进行色分解，分成青（C）、品红（M）、黄（Y）、黑（K）四色色版，然后印刷时再进行色的合成。所谓分色就是根据减色法原理，利用红、绿、蓝三种滤色片对不同波长的色光所具有的选择性吸收的特性，而将原稿分解为黄、品红、青三原色。在分色过程中，被滤色片吸收的色光正是滤色片本身的补色光，以至在感光胶片上，形成黑白图像的负片再行加网，构成网点负片，最后拷贝、晒成各色印版。这是最早的照相分色原理。

随着印刷技术的发展，现在可以通过印前扫描设备将原稿颜色分色、取样并转化成数字化信息，即利用与照相制版相同的方法，将原稿颜色分解为红（R）、绿（G）、蓝（B）三色，并进行数字化，再用电脑通过数学计算把数字信息分解为青（C）、品红（M）、黄（Y）、黑（K）四色信息，如图4-2-11所示。

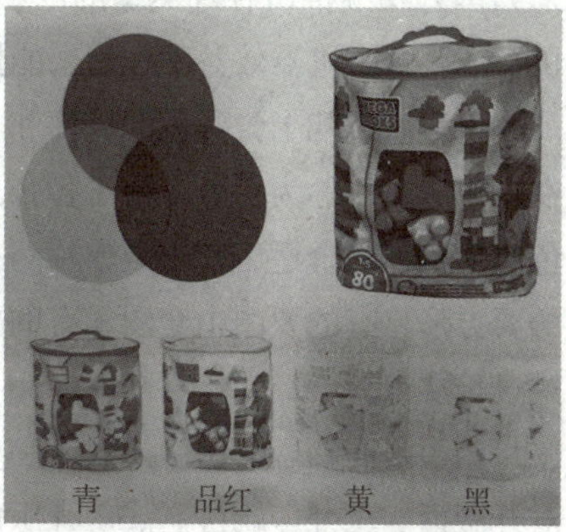

图4-2-11　CMYK分色图

专色是指在印刷时，不是通过印刷C，M，Y，K四色合成这种颜色，而是专门用一种特定的油墨来印刷该颜色。专色油墨是由印刷厂预先混合好或油墨厂生产的。对于印刷品的每一种专色，在印刷时都有专门的一个色版对应。使用专色可使颜色更准确。尽管在计算机上不能准确地表示出颜色，但通过标准颜色匹配系统的预印色样卡，能看到该颜色在纸张上的准确颜色，如潘通彩色匹配系统就创建了很详细的色卡，如图4-2-12所示。对于设计中设定的非标准专色颜色，印刷厂不一定能准确地调配出来，而且在屏幕上也无法看到准确的颜色，所以如果不是有特殊的需求，不要轻易使用自己定义的专色。

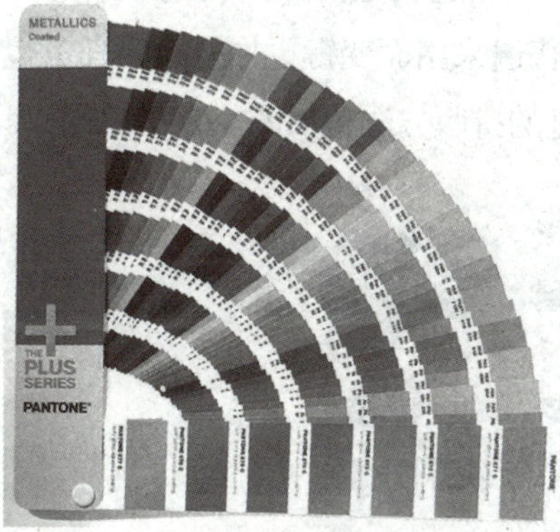

图4-2-12　潘通（Pantone）色卡

（3）制版。制版过程一般为：原稿→菲林→曝光→显影冲洗→干燥→后处理→后曝光→贴版供上机印刷。

原稿制作好之后，经过电脑照排机电子分色输出生成菲林。菲林送制版车间拼版后，在各种不同的制版设备中曝光，经显影冲洗、干燥、后处理、后曝光后，贴版供上机印刷。不同的印刷方式有不同的要求，制版过程大体相同。图4-2-13为菲林打印机。

图4-2-13　菲林打印机

（4）拼版。拼版工艺随着电子分色和照相直接加网工艺的普遍推广使用而不断变革，出现了多种拼版方法。但是目前无论是国内还是国外，绝大多数还是以手工拼版为主。近年来，国外相继推出各种类型的电脑控制拼版机和电子分色与拼版一起进行的电子分色机，但因这类机器效益不佳而未能推广。

将数张或几十张彩色的稿件和花边、底色、文字，按照客户设计的版式要求，拼制在一幅版上，称为拼版。由于各张原稿缩小与放大的比例不一，需待电子分色或照相分色的比例缩放合适后，再做软片的拼版工作。客户设计的图形种类多，有的要圆形，有的要方形，有的要图中套图，有的要图中套字，这就要求在拼版时一一解决，以达到版式设计要求。

为了提高晒版、印版的效率和质量，要根据印刷条件拼制大版。即对开印刷拼制成对开版面、三开印刷拼制成三开版面、四开印刷拼制成四开版面等，这样可以避免因原版小，晒版要经多次套晒，往往套晒不准而影响印刷的质量和效率的情况。

综上所述，通过拼版工艺，把所需的各个图像、文字、底纹、花边等，按照版式设计要求和印刷条件，拼在一幅对开、三开或四开的版面上，这就是拼版的目的。拼版工作随着客户设计的版式要求的多样化和电子分色工艺的普遍采用而变得更加复杂，任务也更加繁重。因此，必须十分重视拼版工作和推广使用先进的拼版方法，如图4-2-14所示。

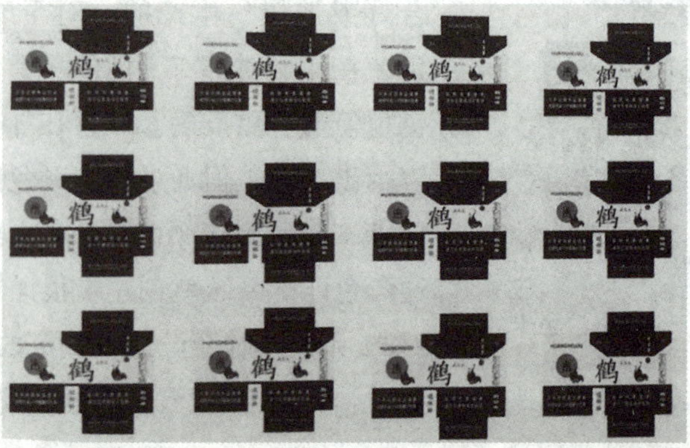

(a)

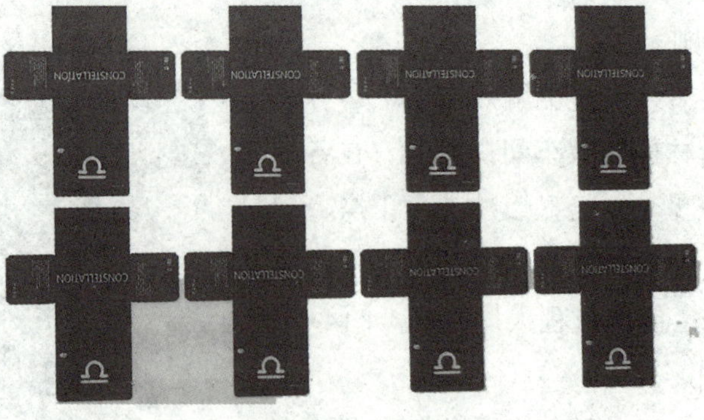

(b)

图4-2-14　拼版

（5）打样。打样分为传统打样和数码打样。随着数码打样技术的不断发展，它在印前打样中占有的比重越来越高，但是数码打样技术却有着先天的不足：如专色和金属色不能准确再现；不能通过打样发现一些印刷中存在的潜在问题（如龟纹、压印等）；纸张适应性不够好；不易实现正背套版打样等问题。传统打样的优点主要包括以下几点：样板和印刷版的制作工艺比较接近；打样和印刷使用相同的栅格化数据，通过打样可以发现潜在问题，如龟纹、版式和字体等问题；对专色和金属色打样时，对陷印和油墨不透明性的表现良好；纸张适应性好，印刷所用的纸张印刷打样都可以实现。图4–2–15所示为凹印油墨打样机。

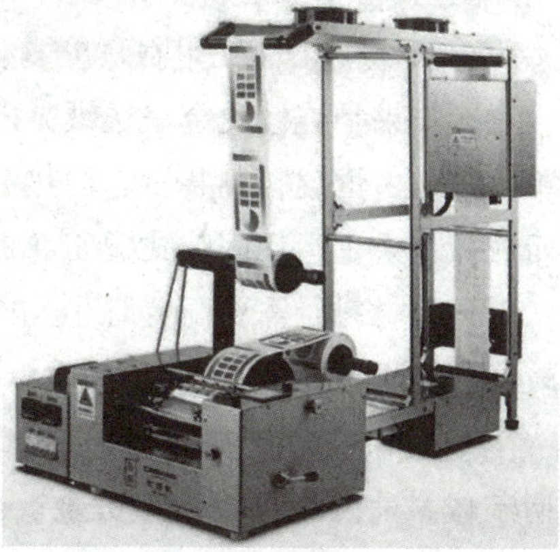

图4–2–15　凹印油墨打样机

（6）加工成型。

① 上光。它是通过印刷机组完成的，因此也可称为印光。上光时，可以使用水性光油，或加装UV干燥系统，使用UV光油。也可配置专用上光装置进行正、反两面上光，或用于不干胶的涂布作业，联机复合成不干胶印刷成品，等等。上光涂层比印刷墨层要厚实，以获得较好的光泽或其他效果。上光（印光）材料的品种相当多，选择相适应的光油是提高柔印产品质量的一个主要因素。图4–2–16为上光后的印刷品。

图4–2–16　上光后的印刷品

② 覆膜。联机覆膜的方式是非常方便而省力的。以前采用较多的是热预涂卷膜，它必须经过加热，才能与承印材料黏合。印刷中卷料膜与承印材料直接进入热压辊而复合成型，完成覆膜工序。另一种覆膜方式是冷预涂卷膜，胶膜类似不干胶带，表面带胶的一层即复合层。它随着承印材料一并进入橡胶压力辊，即完成覆膜工序，无须其他加

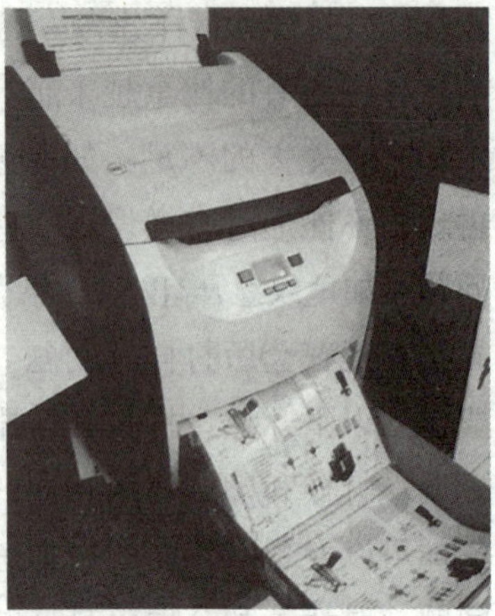

图4-2-17 小型覆膜机

热辅助设置。它是现在推广的一种联机覆膜方式，使用方便且成本较低。图4-2-17为小型覆膜机。

③ 烫金。柔性版印刷联机烫金需要加装专用烫金装置。如果是连续烫金呈送纸方向，它的结构比较简单，只需由恒温控制装置、加热装置、定制烫印组合而成。如果是运用间隙式烫印商标、文字，为了不浪费电化铝材料，需要配置跳步式烫金装置，该装置比较复杂而且价格昂贵，目前国内极少采用。

④ 模切成型。柔性版印刷机组上一般配置三组模切工位，前两组可以用于烫金、压痕或压凸、压痕，后一组完成成型或裁切单张。模切刀具在使用中要格外小心。首先，它比较沉重，需要将刀具保护起来，由吊装架装入模切工位；其次，一组配对的模切辊需上、下辊套准后，方可落入模切工位，否则极易损伤模切辊。模切刀辊的调节原则是在上、下辊套准之后，压力由轻往重逐渐加压，直至成品刚好切透为止。太大的压力只会减短刀具的寿命。图4-2-18所示为自动模切机。

图4-2-18 自动模切机

三、制版稿制作的基本要求

1. 分辨率

在电脑辅助包装设计中，插图的绘制有两种主要制作方法：一种是矢量图，如使用Illustrator，Freehand，Coreldraw等软件绘制而成，可以放大许多倍而不会影响图像效果；另一种是利用扫描或电子分色的图片和插图，或是用Photoshop，Painter等图形处理绘制软件制作的位图图像，位图是由一个个像素构成的，不能像矢量图那样随意放大，所以处理好图像画面大小和分辨率平衡的关系很重要。图4-2-19所示为矢量图与位图。

输出分辨率是由长度单位上的像素数量来表示的，分辨率的设置应根据具体设计的需要确定，一般来说，画册和包装等需要在距离人的眼睛2 m以内观看，需要每英寸3000点以上的分辨率，才能展现出精美柔和的连续调。因此，在包装制版设计的图像处理中，应当设置合理的输出分辨率，以达到精美的印刷效果。

图4-2-19　矢量图与位图

2. 色彩输出模式

对于单色印刷品，输出单色软片即可，但彩色印刷是通过分色输出成品红、黄、青、黑四色胶片进行制版印刷的，因此，在图像设计软件中，应将图像设置为与四色印刷相匹配的CMYK四色模式，才能得到所需要的四色分色片。

3. 专色设置

许多包装为了追求主要颜色的墨色饱和艳丽，可以通过设置专门的颜色印版以达到目的。对专版的印色，就要输出专门的分色片，因此，在包装制版稿中以专色表现，也要相应地设置专色版以便于输出，输出的胶片通常是反映不出色彩的，应附上准确的色标，以便作为打样和印刷过程中的参照依据。

4. 模切版制作

通常，在制版稿的制作中，将包装的模切版制作到同一个文件当中，以便于直观地进行检验，这时应专门为模切版设一个图层，分色输出时也专门输出一张单色胶片，以便于模切刀具的制作。模切版绘制的表示方法与包装构图的绘制方法基本相同。图4-2-20所示为纸包装结构图。

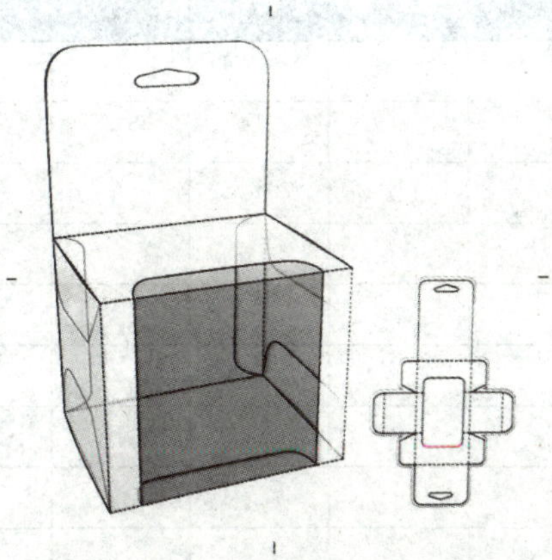

图4-2-20　纸包装结构图

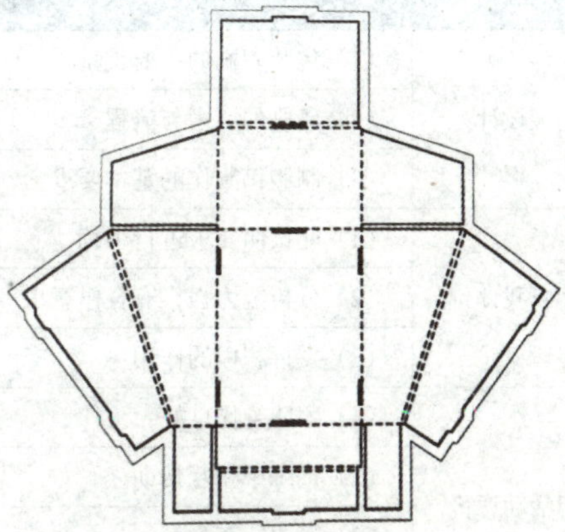

图4-2-21　包装设计的“出血线”

5. “出血线”的设置

在制版稿中，包装的底色或图片在达到边框的情况下，色块和图片的边缘线应跨出到裁切线以外至少3 mm处，以免印刷品在裁切加工过程中，由于误差而出现白边，影响美观，色块跨出到切线以外的边缘线在制版过程中称为“出血线”，如图4-2-21所示。

6. 套准线设置

当设计稿需要两色或两色以上印刷时，就需要制作套准线。套准线通常被安排在版面的四角，呈十字形或丁字形，其目的是使印刷时套印准确。所以，为了做到套印准确，每一个印版（包括横切版的套准线）都必须准确地套准叠印在一起，以保证包装印刷制作的标准。

7. 条形码的制版与印刷

商品条码化使商品的发货、进货、库存和销售等物流环节的工作效率大幅度提高。条形码（如图4-2-22所示）必须做到扫描器能正确识读，这对制版与印刷提出了较高的要求。在印刷中，要求印条码的纸张纤维方向与条码方向一致，以减少变化。印出的条色突出、完整、清晰，无明显脱墨，条的边缘整齐，无明显弯曲变形。要掌握好印刷压力、水墨平衡，保证细条和数字清晰、墨色均匀。

图4-2-22　条形码

任务评价

中外包装设计的发展历程与未来评价表如表4-2-1所示。

表4-2-1　中外包装设计的发展历程与未来评价表

评价项目	具体要求	评价			
		优秀	良好	需改进	建议
包装设计	（1）包装印刷的主要类型				
	（2）印刷的要素与流程				
	（3）制版稿制作的基本要求				
学生自我评价	（1）能按照要求进行训练				
	（2）分析能力强，有合作意识				
	（3）发挥积极的作用				
小组活动评价	（1）团队合作良好				
	（2）训练中相互帮助				
	（3）对团队有贡献				
	（4）对团队成果满意				
收获		个	个	个	

任务三 包装防伪工艺设计

任务目标

在商品销售过程中，会出现假冒伪劣的盗版商品，尤其是一些著名品牌的商品，更是被不法分子大量仿造。针对这一问题，市面上的商品在包装上运用到多种防伪技术。

任务要求

了解并掌握纸张防伪、油墨防伪、多工艺组合防伪、激光全息图像防伪、数码防伪标识及电信识别系统、图案安全设计六种包装防伪工艺设计。

任务驱动

一、纸张防伪

纸张是使用广泛的包装印刷材料，一些采用特殊工艺制造的专用纸基本上都具有防伪功能。常见的专用纸有以下几种。

1. 水印纸

水印纸是指在造纸过程中，将商品的标识、图案等植入纸中，利用纤维的特殊分布形成图案，只有对着强光才能看清的一种纸张，如图4-3-1所示。水印是一种行之有效的防伪技术，可分为黑水印、白水印及固定水印、不固定水印、半固定水印等。

图4-3-1 水印纸

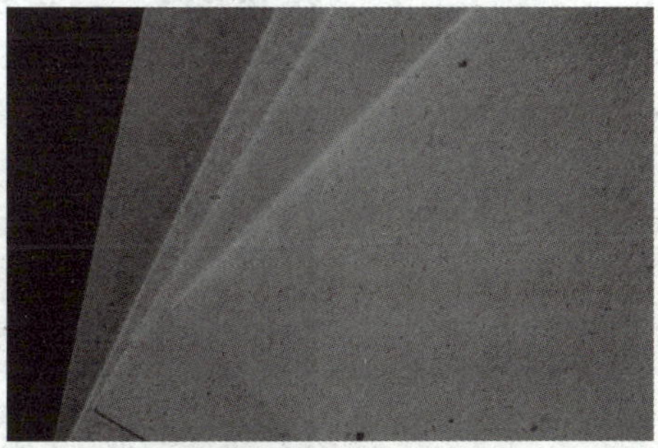

图4-3-2 有色纤维纸

2. 有色纤维纸

有色纤维纸是指造纸时在纸浆中加入纤维细丝或彩点制成的具有防伪作用的纸张，如图4-3-2所示。掺入纸浆的纤维有彩色纤维和无色荧光纤维两种。

3. 金属线纸

金属线纸是指在造纸过程中，将一条金属线或塑料线置于纸张中间，具有显著的防伪效果的纸张，如图4-3-3所示。根据金属线放置形式不同，可分为开窗式、半开窗式和不开窗式三种。

图4-3-3 金属线纸

二、油墨防伪

油墨防伪是在油墨中加入特殊性能的防伪材料，经特殊工艺加工而成的印刷油墨。其实施简单、成本低、隐磁性好、色彩鲜艳、检验方便、重现性强。用于包装防伪印刷的防伪油墨主要有紫外荧光油墨（如图4-3-4所示）、温变油墨、光变油墨及磁性油墨等。

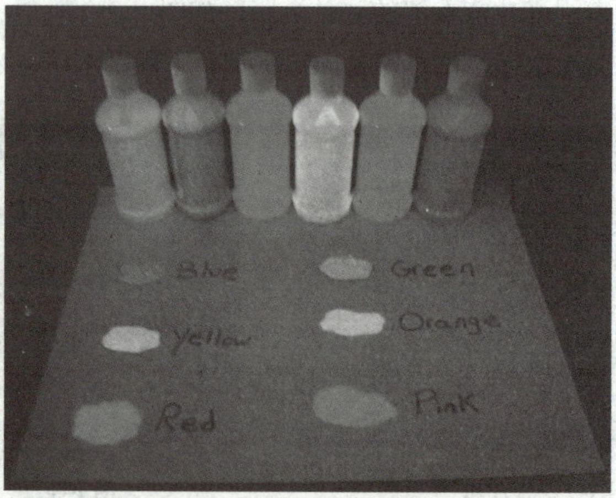

图4-3-4 紫外荧光油墨

三、多工艺组合防伪

多工艺组合防伪是指多种印刷设备并用及多种工艺相互渗透，例如将胶、网、凹、柔、烫印及喷码等工艺组合使用，可使印刷图文更加变幻莫测、丰富多彩，使造假变得非常困难。图4-3-5所示为多工艺印刷的钱币。

图4-3-5　多工艺印刷的钱币

四、激光全息图像防伪

激光全息图像防伪能够再现原物的主体形象，还能随着视线角度变化再现原物不同侧面的形状，其科技含量高、工艺复杂，具有相当高的观赏、装饰和防伪价值。

五、数码防伪标识及电信识别系统

数码防伪标识及电信识别系统通过在商品上设置随机密码，将所有入网的商品编码记录存档在防卫数据中心库，消费者可以利用电话、网络等工具核对密码，识别商品的真伪，并且对商品销售区域管理和物流管理起到很好的作用。图4-3-6所示为防伪识别码。

图4-3-6　防伪识别码

六、图案安全设计

图案安全设计的原理在于利用极细小的线和点构成规则或不规则的图案，一般的制图软件无法制作出相类似的花纹图案，即使利用超高精度的扫描仪或制版工艺也不能再现图纹的线条形态。

版纹防伪设计可以在图案中加入可见的数字水印图案，也可对图案条纹进行编码，隐藏部分图案。只有当解码钥匙板与条纹重合且在一定的位置和角度下，才能显示出来，形成开锁效果。

对于产销量很大且附加值较低的商品，在提供防伪包装设计时，成本不宜过高。高档商品的包装可根据商品的附加值及市场的需求量等特性，适当增加防伪技术的种类。

任务评价

包装防伪工艺设计评价表如表4-3-1所示。

表4-3-1　包装防伪工艺设计评价表

评价项目	具体要求	评价			
		优秀	良好	需改进	建议
包装设计	（1）纸张防伪				
	（2）油墨防伪				
	（3）多工艺组合防伪				
	（4）激光全息图像防伪				
	（5）数码防伪标识及电信识别系统				
	（6）图案安全设计				
学生自我评价	（1）能按照要求进行训练				
	（2）分析能力强，有合作意识				
	（3）发挥积极的作用				
小组活动评价	（1）团队合作良好				
	（2）训练中相互帮助				
	（3）对团队有贡献				
	（4）对团队成果满意				
收获		个	个	个	

项目五

包装设计造型

项目导读

包装造型设计是一门空间立体艺术，即以纸、塑料、金属、玻璃、陶瓷等材料为主，利用各种加工工艺创造立体形态。“造型”的概念并非单纯的外形设计，它涉及内容物性质、材料选择、机械性能、人机关系、生产工艺等各种因素，因此，是一种更为广泛的设计与创造活动。一般来说，包装造型的基本类型包括瓶式、罐式、筒式、管式、杯式、盘式及各种盒式等。

任务一　容器造型

任务目标

在容器造型设计中，包装的造型因素体现得最为突出。设计时，应根据具体商品的特定要求，对类型化的样式进行合理的、合目的性的巧妙设计，也可运用形体语言来表达商品的特性及包装的美感。

任务要求

容器造型以容纳、盛装、储存、保护、方便使用和传达信息为主要目的，是外包装设计的基础，造型设计决定和影响着包装形象整体视觉设计。

容器造型设计是一种空间立体设计，要结合容器的材料、加工工艺、形态特征、功能要求等因素做综合处理。

任务驱动

一、容器造型中的功能性要素

1. 注重保护性

由于包装在储运过程中易受到震动、挤压和碰撞，这些因素有可能会对商品造成损伤。此外，某些商品本身具有与众不同的特性，因此，容器的造型设计首先要注重其保护性。如香水的气味容易挥发，一般在进行香水瓶容器设计时，其体量和口径不宜过大，以降低挥发损耗，并在使用时控制流量。又如啤酒、香槟等易产生气体而膨胀的液体包装，在造型设计时，采用圆柱体的外形比较合适，这样易于均匀地分散胀力，以避免容器破损。

2. 传达审美性

容器造型的审美性是指包装的造型形象通过人的感官传递给人的一种心理感受，它能影响人们的思想、陶冶人们的情操，是人类特有的艺术禀赋和智慧，是来自人类心灵的强烈需求。因此，它受到消费者的极度关注，也引起企业策划者和包装设计师的高度重视。

我国有几千年悠久的民族传统文化，已形成独有的东方文化风格，许多传统的容器一直以优美的造型而深受世人的喜爱。如梅瓶（如图5-1-1所示），是古代盛装酒水的包装，由于其造型结构特点为细口、短颈、宽肩、收腹、敛足、小底，整体比例修长，形体气势高峭、轮廓分明、刚健挺拔，因而一直沿用至今。

图5-1-1　梅瓶

在造型设计中，既要注重立体的外表形态（如形体比例、曲直方圆的变化），又要重视表层的装饰美化（如色彩、肌理的处理），还要把握造型中标贴等附件与之的搭配组合。当然，容器造型的美不是“唯美”，它要服务于产品，必须建立在产品的功能性及实用性的基础上，才能完成优化设计，取得最佳效果。

二、容器造型的处理

世间万物的根本形态都是由几何形态所构成的。当早期的人类从瓜果的形态中获得灵感，塑造出第一个半圆球体状的陶盆容器开始，几何形态就成为最为广泛的容器造型样式，被确定为造型的基本型。几何形态包括立方体、球体、圆柱体、锥体几种原型。不同的形态带给人不同的感受：立方体厚实端庄，球体饱满浑圆，圆柱体柔和挺拔，锥体稳定灵巧。它们所蕴含的多样魅力，给予造型设计更广阔的空间。

1. 容器造型的处理方法

（1）切割法。该方法是根据构思确定基本几何形态，然后进行平面、曲面、平曲结合切割，从而获得不同形态的造型。同一基本型，由于切割的切点、大小、角度、深度、数量的不同，其造型也会有很大的差异，因此，要做到反复试验与研究比较，以取得最佳展示效果。

（2）组合法。该方法指基本形体的相加，是由两个或两个以上的基本形体，根据造型的形式美法则，组合成一个新的整体造型。用基本形体组合方式构筑的造型丰富多彩，但设计时，要注意组合的整体协调，组合的基本形体种类不宜过杂、数量不宜过多，否则会使造型变得臃肿、怪诞。应用组合法处理的造型如图5-1-2所示。

图5-1-2　组合法处理的造型

（3）透空法。该方法是对基本形体进行穿透式的切割，使整体形态中出现“洞”或“孔”的空间，获得一种不对称的形式美感。这种设计多用于大容量、大体积的包装，以实用原则为主、审美原则为辅的方法，打破基本形体内部的整体分布，但形体的外轮廓依然给人以线条流畅、简洁明快的统一感觉。应用透空法处理的造型如图5-1-3所示。

图5-1-3　透空法处理的造型

（4）饰线法。该方法是对造型形体表层施加一些线条，使之产生丰富多变的视觉形态。设计时，可以根据实用性和审美性原则，对线的粗细、长短、曲直、疏密、凹凸、数量等加以选择，使之在美化包装形态的同时，又能产生新的肌理，制造不同的质感。

（5）装饰法。该方法是对造型形体表层附加一些装饰性的图形，来渲染整个形体的艺术气氛，增加情感化语义。装饰图形可以具象，亦可以抽象；可以传统，也可以现代。装饰法一般采用凹饰、凸饰或凹凸兼饰的手法，有时施与不同的肌理效果，赋予容器造型神秘和浪漫的色彩。

（6）模拟法。该方法是以自然界中自然形态或人工形态为设计依据，进行模仿创作，以得到生动有趣的造型。模拟不等于原版再抄，而应在原来形态的基础上加以概括、提炼，进行艺术性的意象处理，以此增加造型的感染力。

（7）特异法。该方法是有别于一般常规性的造型处理方法，是对基本形体施与弯曲、扭转等非均衡化变形。这种形态变化幅度较大，和普通的基本形体反差较强，其夸张的造型符合追求时尚、个性、另类的现代群体需求。设计时，要考虑其加工技术和成本价格的参数。

（8）附加法。该方法是指在容器造型本体之外再附加其他装饰物件，起到画龙点睛的作用，使造型更加丰富多彩。装饰物件包括印刷的小吊牌、绳结、丝带、金属链等。附件是为主体服务的，选择时要深思熟虑，材料、形状、大小等均要与主体形态达到协调统一。

2. 容器造型设计的制图与制模

容器造型设计的制图与制模是容器造型能够准确进行生产和加工的依据。造型制图包括正视图、侧视图、俯视图、轴测图，制图可通过计算机或手绘完成，要严格按照比例制作。造型制模可采用石膏木材、PVC等材料。

三、容器造型结构的设计

容器造型结构是指包装的不同部位或单元形体之间相互的构成关系。容器造型结构的设计是从包装的保护性、方便性、复用性等基本功能和生产实际条件出发，科学地对容器的内、外结构进行优化设计，因此，更加侧重技术性、物理性的使用效应。它伴随着新材料和新技术的进步而变化、发展，达到更加合理、适用、美观的效果。

容器造型结构的设计包括固定式与活动式两类。固定式指造型部位或材料之间的相互结合、镶嵌、黏结等组合形式，以富有变化和极其巧妙的特点来表达结构设计的技术美和形式美。活动式主要指容器的盖部结构，这也是容器造型结构设计中最关键的部分。

1. 盖部的结构形式

（1）螺纹旋转式盖。这种盖是以连续螺纹旋转扣紧，盖内另加衬垫物，是最常见的一种盖形。

（2）凸纹式盖。这种盖是盖内沿有凸纹，从容器口部外侧非连续螺纹空缺处旋入。其螺纹转数对应于旋转式盖。在罐头和食品容器设计中采用较多。

（3）摩擦盖。盖的本身无螺纹或凸纹，内侧有一层弹性垫圈，盖上容器口以垫圈包住容

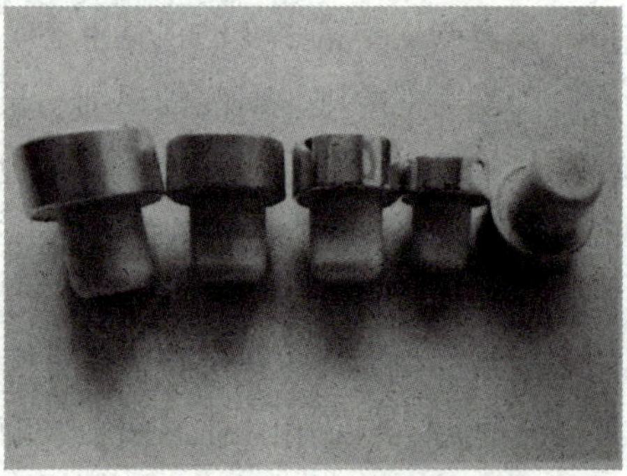

图5-1-4　摩擦盖

器口部，形成密封，如图5–1–4所示。摩擦盖多用于化学和医药品容器包装中。

（4）机轨式盖。它是用延展性强的薄铝在容器口部加以机械轨组合而成，类似旋转式盖。机轨式盖多用于医药容器包装中。

（5）扭断式盖。这是机轨式盖的发展形式，盖下部有一圈齿孔，使用时扭断盖子而沿齿孔断开可旋下盖部，如图5–1–5所示。其被广泛地用于酒类、医药及食品容器设计中。

图5–1–5　扭断式盖

（6）撕裂式盖。它与扭断式盖类似，盖下部有两圈齿孔，使用时，只需撕开两齿孔中间部分，盖部自然脱落。其被广泛地应用在医药及食品容器设计中。

（7）易开式盖。在盖部设计一个可翻和可拉的结构，并打上一圈齿孔，使用时，只要把可拉结构翻过来，沿齿孔方向拉开，就可打开盖部。许多饮料及罐头容器的盖部设计多应用此结构。

图5–1–6　障碍式盖

（8）冠帽式盖。此盖沿边缘压制一圈齿形扣边，扣住容器口部凸边，盖口也有衬垫，形如冠帽。啤酒瓶和香槟酒瓶的瓶盖多用此结构。

（9）障碍式盖。这种盖是一种针对儿童安全的新式设计，它依靠智慧而不是力量来开启。它需要在旋转的同时按压瓶盖，才可以开启。其多用于药品及保健品的包装容器，这样可以防止儿童擅自开启发生意外。障碍式盖如图5–1–6所示。

此外，在这些结构上发展了一些复合结构，如多层盖、喷雾盖、带柄盖、带孔盖、带管盖、配套盖等。

2. 容器造型结构的设计原则

（1）保护性原则。每件产品均有各自的性质、形状和重量。此外，从产品演变成商品，离不开包装、装卸、运输、储存和销售等一系列过程。因此，在进行容器造型结构设计时，应考虑容器造型结构对产品所起的保护作用，如强度是否达标、封口是否合理、抗阻是否有效等，以便安全地完成销售任务，油漆桶的包装即为此类容器，其造型如图5–1–7所示。

图5–1–7　油漆桶的包装

（2）便利性原则。科学的结构设计是新材料与新工艺的巧妙结合，不仅对制造工艺有所要求，更从拉、按、拧、盖等结构上力求最大限度地满足人体功能的要求，如在瓶盖周边设计一些凸起的点或线条，可以增加摩擦力，以便于开启；喷雾式盖只需稍稍用力按压，便能使液体喷出。一个设计巧妙的提手和适用的盖子，不仅使包装变得方便实用，而且会直接影响到人们的生活方式，使人们更加轻松、愉快。

（3）经济性原则。由于结构设计离不开对材料的选择和对新技术的利用，因此容器造型结构的设计还需考虑经济性原则，力求最大限度地降低成本。

知识链接

不同形状的酒瓶

工艺酒瓶造型设计是一门空间艺术，是用各种不同的材料和加工手段在空间上创造立体的形象。玻璃工艺酒瓶的设计可以让人领略到我国酒文化的艺术魅力。

（1）方形玻璃酒瓶。瓶身截面为方形，这种酒瓶强度较圆形瓶低，且制造较难，故运用较少。另外，方形瓶不易手握，不小心还会划手。

（2）圆形玻璃酒瓶。瓶身截面为圆形，是玻璃瓶中运用最普遍的瓶形，这种瓶形强度高，契合人们的运用习惯。

（3）卵形玻璃酒瓶。瓶身截面为椭圆形，虽然容量较小，但外形讨巧，颇受消费者喜好。

（4）曲线形工艺酒瓶。瓶身截面虽然为圆形，但纵向造型却为曲线，有内凹和外凸两种（如花瓶式、葫芦式等），造型别致，很受用户欢迎。例如可口可乐的曲线瓶，曾经成为一个经典，为可口可乐打开市场做出了不小贡献。

任务评价

容器造型评价表如表5-1-1所示。

表5-1-1　容器造型评价表

评价项目	具体要求	评价			
		优秀	良好	需改进	建议
包装设计	（1）容器造型中功能性要素				
	（2）容器造型的处理				
	（3）容器造型结构的设计				
学生自我评价	（1）能按照要求进行训练				
	（2）分析能力强，有合作意识				
	（3）发挥积极的作用				
小组活动评价	（1）团队合作良好				
	（2）训练中相互帮助				
	（3）对团队有贡献				
	（4）对团队成果满意				
收获		个	个	个	

任务二　纸盒造型

任务目标

纸盒是一个立体的造型（它是由若干个面经移动、堆积、折叠、包围组合而成的多面形体所构成的）。立体构成中的面在空间中起到分割空间的作用，对不同部位的面加以切割、旋转、折叠，所得到的面就有不同的情感体现。纸盒展示面的构成关系要注意展示面、侧面、顶部与底部的衔接关系，以及包装信息元素的设置。

任务要求

纸盒包装在很大程度上是以精美造型和装潢来宣传、美化商品，提高商品竞争性的。由于纸盒的造型和结构设计往往要由被包装商品的形状特点来确定，所以其样式和类型有很多，如长方形、正方形、多边形、异形、圆筒形等，但其制造工艺过程基本相同，即“选择材料—设计图标—制造模板—冲压—接合成盒”。

任务驱动

一、纸盒结构设计的基本概念和发展状况

纸盒结构包装是日常生活中最为常见的包装，大多数纸盒包装（如食品、药品、牙膏、胶卷等）都采用折叠纸盒包装。纸盒结构的特点是在成型过程中盒盖和盒底都需要摇翼折叠组装固定或封口，而且大多为单体结构，在盒子侧面有粘口。纸盒基本为四边形，也可在此基础上拓展为多边形。图5-2-1为纸盒展开图，图5-2-2为多重加工的纸盒。

图5-2-1　纸盒展开图

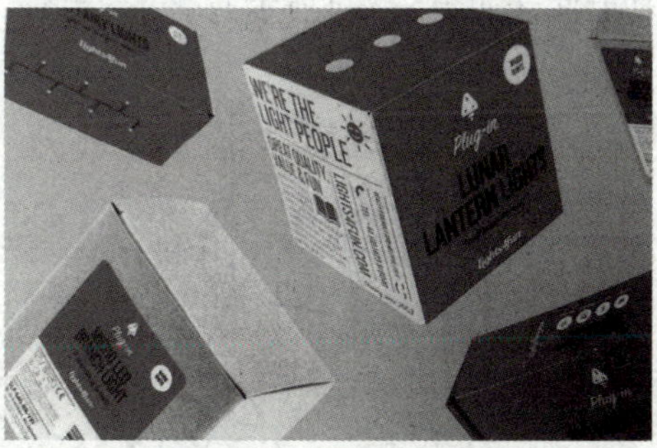

图5-2-2　多重加工的纸盒

纸盒包装的结构设计是保护商品、促进销售的重要环节，紧跟时代的发展，利用最新的材料技术，创造适应社会需求的完美设计是纸盒包装结构设计的基本出发点。在众

多的商品包装中，纸盒作为常用包装样式，不仅有着悠久的历史，而且占有相当大的比重。纸盒作为基本包装样式，之所以有如此大的发展潜力，是因为它有着其他材料无法比拟的性能，可以满足各类商品的要求。例如便于废弃与再生的性能、良好的印刷加工性能、遮光保护性能、良好的生产性能和复合加工性能等。社会的发展，新产品的繁荣，对纸盒包装结构形态不断提出新的要求。

二、纸盒结构设计的目的和意义

进一步了解纸盒包装与工艺的关系（如加工性、经济性、展示性等），从而对包装盒的形态设计运用自如。同时要知道构成包装盒形态的重要环节是立体造型，它与平面视觉设计相映成趣，形成一个整体。纸盒是包装立体造型体现的重要方面，作为设计师，所要解决的主要问题是纸盒形态与结构的关系，特色的外观及生产、销售的合理性，符合印刷工艺的要求，保护商品，便于运输，使用方便，等等。

三、纸盒结构设计的要点

1. 包装形态与结构设计的关系

在包装设计表现方面，目前大多数设计师热衷于用计算机绘制设计效果图，而不重视设计草图与模型工艺的分析与研究。虽然从效果上看，计算机绘制表现的色彩与光影优于手工绘制，包装形态在一定层面上看来具有良好的视觉效果，但是由于自身基础与动手能力的薄弱，最终导致设计师的许多包装设计作品“有形态”“无结构”，或是结构不合理，设计表现经不起推敲。因此，在进行包装形态设计过程中，要充分考虑结构和形态的结合。

2. 包装功能与结构设计的关系

目前，大多数商品的包装一味追求造型结构的别样与烦琐（如图5-2-3所示）、材料的特殊与奇特、印刷工艺的奢侈与华丽，而往往忽视了包装的最基本功能，导致包装缺乏实用功能，造成较为严重的资源浪费。因此，在包装结构设计过程中，应立足于包装的功能性（如图5-2-4所示）。

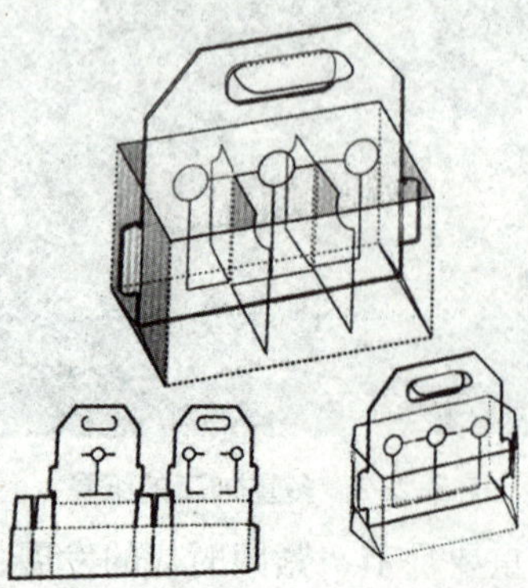

图5-2-3　别样设计的纸盒结构图

图5-2-4　功能独特的纸盒

3. 包装结构设计的技术与艺术问题

在进行包装结构设计过程中，设计师想要达到完美的视觉效果，体现包装自身的艺术特征，但经常受到来自技术方面的制约，包装的结构形态无法与设计师的理想初衷达成一致。因而必须在限制中实现技术与艺术的高度统一、合理融合的最佳状态。图5-2-5所示为现代简洁主义设计风格。

图5-2-5　现代简洁主义设计风格

四、纸盒造型结构设计

1. 折叠纸盒结构设计

（1）管式折叠纸盒的盒盖设计。

① 摇盖插入式（如图5-2-6所示）。其盒盖有三个摇盖部分，主盖有伸长的插舌，以便插入盒体起封闭作用。设计时，应该注意摇盖的咬合关系。

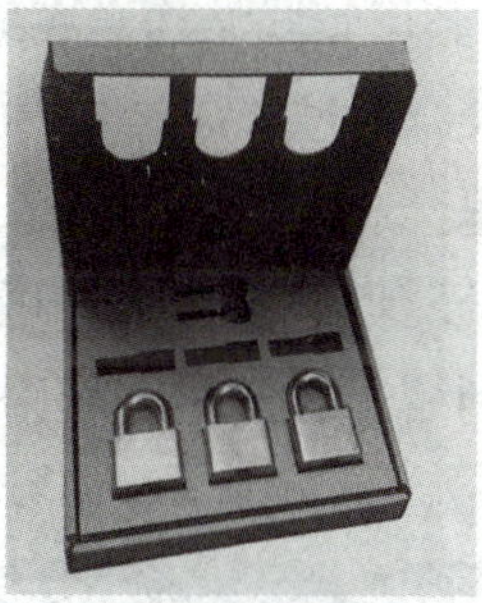

图5-2-6　摇盖插入式

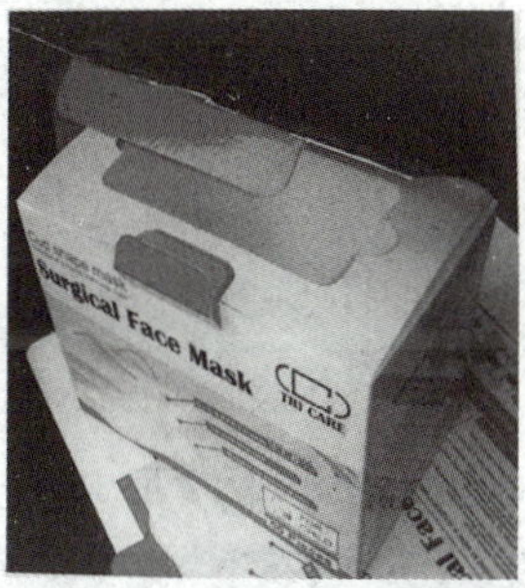

图5-2-7　锁口式

② 锁口式（如图5-2-7所示）。这种结构通过正面、背面的摇盖相互产生插接锁合，使封口比较牢固，但组装和开启比较烦琐。

③ 插锁式（如图5-2-8所示）。这种结构是插接与锁合相结合的一种方式，其结构比摇盖插入式结构更为牢固。

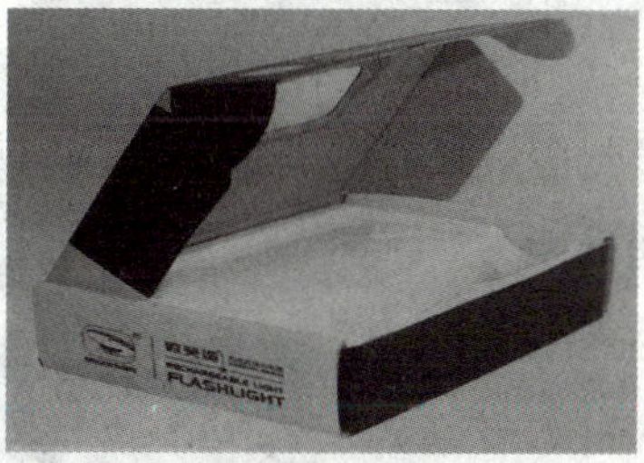

图5-2-8　插锁式

图5-2-9　双保险式

④ 双保险式（如图5-2-9所示）。这种结构使摇盖受到双重的咬合，非常牢固，而且摇盖与盖舌的咬合口可以省去，便于重复开启和使用。

⑤ 黏合封口式。这种黏合的方法封闭性好，适合自动化机器生产，但不能重复开

启。它主要适合于包装粉状、粒状的商品，如洗衣粉、谷类食品等。

⑥ 连续摇翼窝进式。这种锁合方式造型优美，极具装饰性，但手工组装和开启比较烦琐，适用于礼品包装。

⑦ 弹性封口式。该结构利用纸张的弹性制作纸盒，把盒子的边缘做弧线处理，这样既可以获得美观的外形，又能使盒子成型方便。例如某知名品牌的食品包装盒，将盒子分成上、下两部分，上、下部分之间利用纸张的弹性，可以拉起也可以按下，增加了趣味性。

⑧ 一次性防伪式。这种结构的特点是利用齿状裁切线，在消费者开启包装的同时，使包装结构得到破坏，防止有人再次利用包装进行仿冒活动。现在的胶卷包装采用的就是这种开启方式。

⑨ 压力式。这种结构将摇盖设计成弧形，利用纸在折叠过程中产生的压力，使纸的摇盖部分环环相扣、互相压制而制成。这种包装成型复杂，组合并不十分牢固，一般只用于化妆品和工艺品的包装。

（2）管式折叠纸盒的盒底设计。

① 别插式锁底（如图5-2-10所示）。这种结构利用管式结构盒底部的四个摇翼部分，通过设计而使它们产生相互咬合的关系，这种咬合通过“别”与“插”两个步骤来完成。其组装简便，有一定的承重力，应用较为普遍。

② 自动锁底（如图5-2-11所示）。该结构采用了预黏的方法，但黏合后仍然能够压平，使用时，只要撑开盒体，盒底就会自动恢复到缩合状态，其使用极为方便，省时省工，并具有良好的承重力，适合于自动化生产。

图5-2-10　别插式锁底

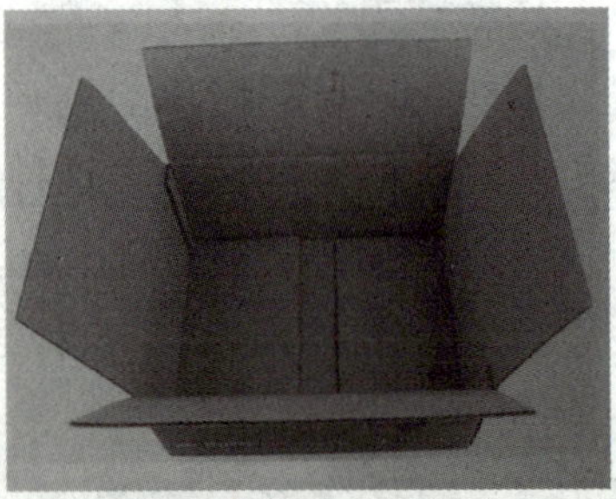

图5-2-11　自动锁底

③ 间壁封底式（如图5-2-12所示）。间壁封底式结构是将管式结构盒的四个摇翼设计成具有间隔能力的结构，组装后，在盒体内部会形成间壁，从而有效地分隔固定商品，起到良好的保护作用。其间壁与盒身为一体，可有效地节约成本，并且纸盒的抗压性较高。

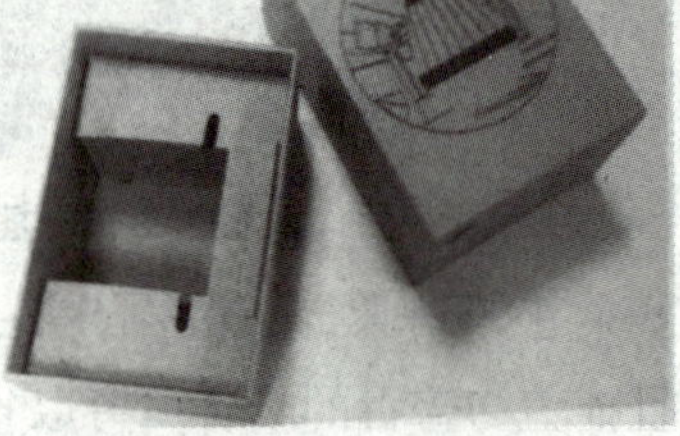

图5-2-12　间壁封底式

2. 盘式纸盒结构设计

盘式纸盒（如图5-2-13所示）是由纸板四周进行咬合、折叠、插接或黏合而成型的纸盒结构。这种结构一般盒底没有什么变化，变化主要在盒身部分。盘式纸盒一般高度较小，开启后，展示面积较大，多用于包装纺织品、服装、鞋帽、工艺品等。

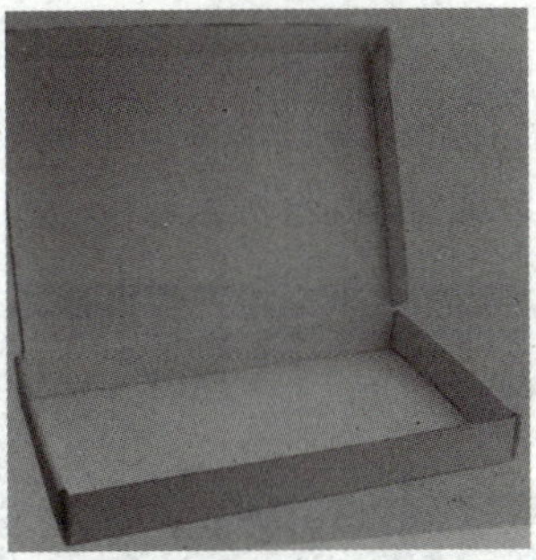

图5-2-13　盘式纸盒

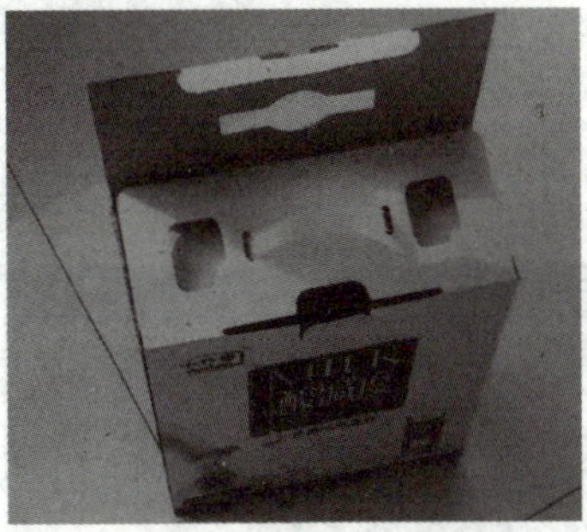

图5-2-14　手提式纸盒

3. 手提式纸盒结构设计

手提式纸盒（如图5-2-14所示）的使用材料一般为小瓦楞裱铜版纸，制作时，附有摇盖，可紧扣，便于手提，盒子成型后，底部粘牢，可向内弯曲折叠，减少堆放体积。其形状有长形、扁形等，多用于食品饮料类、酒类、小家电制品类等商品的包装。

4. 抽屉式纸盒结构设计

抽屉式纸盒（如图5-2-15所示）盒体多为扁方形，类似火柴盒。盒子的两端都能开启，多用于文教用品的包装。

图5-2-15　抽屉式纸盒

5. 联体式纸盒结构设计

这类包装用整纸制成，具有两个或更多的空间容量，是摇盖插入式纸盒派生的新形态。

6. 书本式纸盒结构设计

书本式纸盒即纸盒开启的形式像一本精装图书，摇盖通常没有插接咬合，而是通过附件来完成固定，如图5-2-16所示。其多用于录像带、巧克力等的包装。

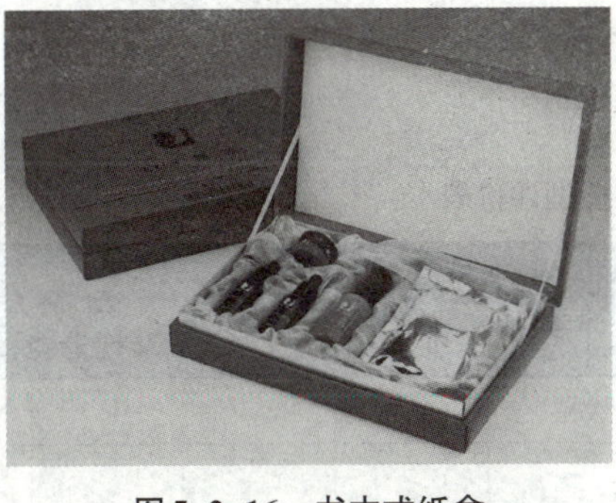

图5-2-16　书本式纸盒

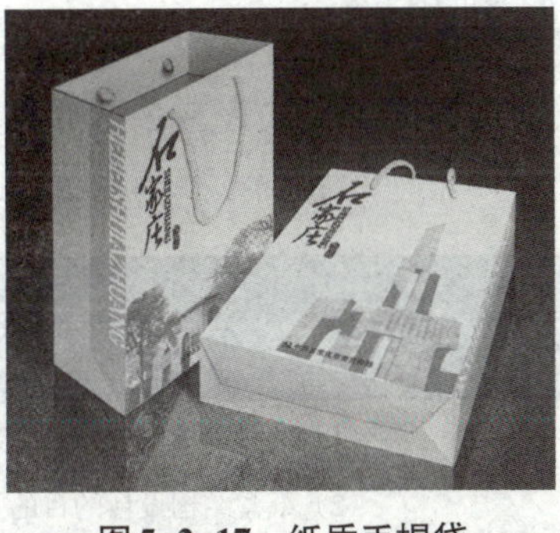

图5-2-17　纸质手提袋

7. 手提袋结构设计

手提袋在今天的商品销售中普遍使用，它不仅使消费者便于携带商品，而且本身就是一个流动性的广告宣传媒体。目前市场上以塑料、纸质的手提袋为主。图5-2-17所示为纸质手提袋。

8. 特殊纸盒结构设计

特殊纸盒（如图5-2-18所示）结构设计主要包括异形纸盒结构设计、拟态象形结构设计、开窗式结构设计、易开式结构设计、侧出口式结构设计等。

(a)

(b)

图5-2-18　特殊纸盒

知识链接

纸盒包装技术

(1) 内部结构的包装。包装的内部结构需要根据商品的大小及商品的性能进行设计。如果商品属于易碎物品，那么纸盒的内部就要加厚加宽，留出多余的空间进行进一步的设计。包装内部可以装入海绵等柔软的物品，也可以使纸盒的内部凸出一些，这样在受挤压的情况下，可以使商品有一个缓冲的空间。

(2) 外部包装。商品外部包装主要注重设计，要根据商品设计出一套独特的方案，让消费者一目了然，使商品独特之处尽收眼底，即不用拆开包装，就能知道商品的信息。

任务评价

纸盒造型评价表如表5-2-1所示。

表5-2-1　纸盒造型评价表

评价项目	具体要求	评价			
		优秀	良好	需改进	建议
包装设计	(1) 纸盒结构设计的基本概念及发展状况				
	(2) 纸盒结构设计的目的及意义				
	(3) 纸盒结构设计的要点				
	(4) 纸盒造型结构设计				

表5-2-1（续）

评价项目	具体要求	评价			
		优秀	良好	需改进	建议
学生自我评价	（1）能按照要求进行训练				
	（2）分析能力强，有合作意识				
	（3）发挥积极的作用				
小组活动评价	（1）团队合作良好				
	（2）训练中相互帮助				
	（3）对团队有贡献				
	（4）对团队成果满意				
收获		个	个	个	

任务三　造型上的文化表现

任务目标

世界上的每个民族都有着不同的文化，包装设计能够反映出民族的心理特征和文化观念。例如德国设计的科学严谨，日本设计的灵巧、细腻和新颖，法国设计的优雅浪漫等。将传统与现代相结合，将民族性与国际性相结合，是优秀包装设计的重要特征之一。

民族文化来源于传统，但绝非一成不变。人们应该以发展的眼光来看待传统文化的继承问题，要取其精华、去其糟粕，在吸收优秀的外来文化的同时，以继承为根本，以超越为发展方向，使民族文化不断更新和发展。

任务要求

包装设计作为现代社会文化极具特点的表现形式之一，既是传统文化的一部分，也是文化的物质载体。传统是指历史延传下来的思想、文化、道德、艺术、制度、行为方式等，民族文化则是传统文化的重要组成部分。

具有强烈地方性和民族特色的事物，对人的吸引力极强。例如，我国的包装设计（如图5-3-1所示）经常使用中国结、长城等元素，日本的包装设计（如图5-3-2所示）则常使用樱花、富士山元素，法国的包装设计（如图5-3-3所示）使用埃菲尔铁塔等元素，都是民族文化的体现。这些具有明显地方特色的包装更容易引起消费者的关注和喜爱。

图5-3-1　中国包装设计

图5-3-2　日本包装设计

图5-3-3　法国包装设计

任务驱动

一、传统化包装

不同民族、不同地域有着各自不同的生活习惯和文化背景，经过相当长的历史发展阶段，逐渐形成了精彩纷呈、各具特色的传统艺术样式。传统艺术不仅形式丰富，而且蕴藏着深刻的文化内涵，体现了各民族的风俗习惯、情感心理和审美情趣。在现代包装设计中，传统艺术时常被设计师所借用，成为高信息化、高科技时代不可或缺的包装风格。

1. 传统化包装的设计方法

传统化包装设计不等于简单地将传统的材料、图形做机械地复制或拼凑，而是要契合商品内涵，借用某些具有象征意义的传统艺术元素来表达某种意趣和情感，或是将传统的设计手法渗透进现代包装设计之中，体现出一种精神和理念。

(1) 利用传统材料。传统化包装的材料多是低廉朴素、随处可见的自然物质，如木、竹、土、石、棉、麻、草及普通的纸和布料等，虽然其外表看着粗糙不精，但在制作过程中，始终包含着民众对材料的认识和开发利用，因此具有鲜明的个性特征。与大工业生产带给人们的精制、严谨的包装材料相比，传统化包装材料则体现出轻松、质朴的感觉，使人能从中获取大自然的气息，与当今人们崇尚自然的心态不谋而合，与现代包装提倡的“绿色革命”更是如出一辙，如图5-3-4所示的木制包装，既简约实用，又绿色环保。由于地域的差异，各地的地理状况及气候不同，因而自然界的物产也能给人们以地域信息的传达。因此，在设计时，应尽量考虑选用包装对象所在产地能够大量出产的自然包装材料，以利于产品地域信息的准确表现。

图5-3-4　木制包装

在对自然材料的改造中，编织、拼贴、雕琢等方法的运用形成了许多精美别致的图案，这些都是现代包装所要珍惜的宝贵财富。如竹子在我国是运用较多的传统包装材料，包装种类有竹盒、竹筐、竹篓等，并能被编织出漂亮的图案。现代包装里有许多土特产，甚至节庆礼品都依然选用竹材包装，形成了独特的文化魅力。图5-3-5所示为竹编的包。

图5-3-5　竹编的包

图5-3-6　寓意美好图形的运用

（2）借用传统图形。传统图形往往是一个地区、一个民族文化观念的体现，是文化观念的一种物化形式和传播载体，它有着丰富的内涵特征。这个特征与现代包装设计中所寻求的形式语汇十分吻合，也是传统图形在现代包装设计中被再发现、再利用、再创造的契合点。

我国的传统图形种类繁多，千姿百态。最为突出的特点是有许多图形将美好的形象与群众的理想愿望相结合，表达了吉祥的愿望和乐观情感。如果把这些寓意美好的图形运用在包装上（如图5-3-6所示），再进行重组、创新，一定会受到消费者的喜爱。

（3）巧用传统色彩。每个地区或民族因社会环境、行为方式、生活习惯存在差异，所以对色彩情感的理解不同，这样便形成了各自的传统色彩。

传统色彩在某种程度上既是一个物理性的视觉结构，又是一个精神性的情感结构。我国的传统色彩以红色为主，它所体现的文化意识是神圣的，也是美好的。所谓“红红绿绿，图个吉利”，简单明了地概括了色彩搭配的含义。黄色也是深受人们喜欢的色彩，是仅次于红色的、散发中国气息的颜色。民间在色彩搭配上有句口诀：“红靠黄，亮晃晃。”所以，这两种暖色系的搭配，反映出更强烈的喜庆之感，在中国现代礼品包装中，仍为主要用色。

2. 传统化包装的设计原则

（1）形式与内容的统一。尽管传统化包装的优势有很多，但并不等于所有的商品都要采用传统化包装。该不该用、如何运用，要依靠商品的属性。只有做到形式与内容的统一，才能使传统文化与现代商业设计真正融为一体。此外，在传统化包装设计中，所选取的传统艺术元素应尽可能地做到与商品有着较密切的有机联系，这种联系越紧密，传达给消费者的商品信息就越准确、越强烈，给消费者的感受也越自然。

（2）历史性与时代性的统一。虽然传统是人类历史和文化长期发展过程中的积淀，但在现代工业社会大背景下，人们的生活习惯、思想感情和审美情趣已经发生了很大的变化，如果不顾现代社会的变化和人们新的审美需求，仅对传统艺术元素做简单的、机械的复制或拼凑，无法收到良好的效果。因此，只有将传统的设计手法渗透到现代包装设计之中，才能既传达出传统艺术的神韵，又具有时代精神的风采，才能使民族化的气质和理念完好地渗入商业文化之中，让传统化包装达到历史性与时代性的完美统一。

（3）民族性与世界性的统一。“传统”一词意味着鲜明的地域性和民族性。但现代商品所针对的消费群体并非一个地区、一个民族。随着国际贸易的发展，许多商品的销售目标区域可能是多个国家，甚至是全球范围性的。而传统文化由于受区域性的限制，如果不加改造地生搬硬套，就很难被其他国家和民族的人们所理解。因而，在进行包装设计时，应将传统艺术的素材按照现代设计观念转化，并透过现代设计的表现手法，呈现出符合商业设计需要的主题风貌，从而使这些素材在运用上能跳出地域性的局限，引起世人的共鸣。

二、礼品包装

“礼尚往来”是人类社会真诚和友好的体现，这种体现离不开礼品的作用。礼品是一种美好情感的精神载体，是友谊和情感交流的纽带。古往今来，礼品都是重要的商品，它所体现的精神价值远远超过商品本身的物质价值，而礼品的包装也起着举足轻重的作用。

礼品包装是指为满足消费者在社会交际中的需求，对表示心意而馈赠的礼品所进行的特别包装。礼品包装是现代包装体系中的一个重要组成部分，如何在包装的图文、材质、结构等各个方面显示出礼品应有的礼节性、身价感，是设计师需要思考和研究的重要课题。

1. 礼品包装的类型

（1）商场销售性礼品包装（如图5-3-7所示）。即商场里某些定位在“馈赠礼仪”中的商品包装。该类型包装在设计上强调一定的文化意识，风格上体现高雅、华贵，追求个性化的展示效果，以激起消费者的购买欲望。

图5-3-7　商场销售性礼品包装

（2）馈赠纪念性礼品包装（如图5-3-8所示）。这种包装指工商企业和社会团体在经济与文化交流活动中，用于赠送性质礼品的包装。其目的在于通过礼品联络感情，扩大本企业或团体的社会影响，以利于未来发展。因此，该类型礼品包装多强调送礼单位的企业视觉形象，或该单位所想传达的文化精神。

图5-3-8　馈赠纪念性礼品包装

图5-3-9　通用装饰性礼品包装

（3）通用装饰性礼品包装（如图5-3-9所示）。这种包装是指为满足消费者的送礼要求，而对普通商品进行的礼品化包装。其主要是按照原装物形态，通过各种装饰性材料，以彩带或绳结包扎商品，还可配以各式花结、吊牌、贺卡等辅助品，形成亮丽、雅致的礼品效果。

2. 礼品包装设计要点

（1）体现高档性。礼品包装应注重包装的形态和材料。现代包装材料已从过去的天然材料发展到合成材料，由单一材料发展至复合材料，大大丰富了包装材料的选择。礼品包装材料的种类有很多。其中，应用得最广泛的是纸材。仅通用装饰性礼品包装纸材就有铜版纸（印花包装纸）、铝箔纸、绵纸、皱纹纸、云龙纸、透明纸、美术纸、丹迪纸、西卡纸、双色卡纸等，各种纸材又有不同的质感、弹性、柔软度、韧性和防水等特点。当然，有许多礼品包装还喜欢选择其他材料，比如金属材料，因为它挺括、富有光泽，具有金、银器般的贵重感，且利于加工造型和印刷，还利于反复使用，因而被广泛地应用于礼品包装上。包装材料中，如何选择合适的材料来体现礼品包装的高档性是非常重要的。高档次的材料不一定都能体现礼品的高档性，这要看其是否用得恰到好处，否则显得俗气；反之，低档次的材料也可能体现礼品的高档性，只要其运用适当，也会具有高档感。因此，不同的礼品应该选择合适的材料。

（2）具有针对性。礼品包装多用于节庆、婚庆、祝寿、访亲、慰问等场合，在其包装设计上，应突出针对性，并体现各类不同礼品的特殊性及用途。如中秋佳节的月饼礼盒包装（如图5-3-10所示），除了选取高档材料作为包装外，还应注意其针对性。中秋佳节是我国的传统节日，因此所用的包装手法即使再现代，但其所传达的语言必须具有中华民族文化的特色，而这些特色则从包装的造型、图案、字体、色彩等方面充分体现出来。例如，许多图案都有花好月圆的含义，色彩也多是红色或金色系，这些都为节庆里的人们所喜好。礼品是用来送人的，因此应针对不同的对象选择不同的礼品。性别不同，年龄不同，其喜好也会不同。如为男性设计的礼品包装应该突出阳刚之气；而为女性设计的包装则应体现柔美之感；为儿童设计的礼品包装应该有天真活泼的特点，如卡通图案，红、黄、蓝等纯度较高的色彩，都比较受小朋友的喜欢；为青年朋友设计的礼品包装则应具有时尚、朝气感；为老年人设计的礼品包装则应沉着、典雅、有深度，如图5-3-11所示。

图5-3-10　月饼礼盒包装

图5-3-11　老年饼干包装

（3）强调情调性。送礼本身就是传情，礼品包装往往是传情的使者，是一种情感交流的纽带。因此，礼品包装不可忽视情调性。情调性既可在包装的色彩、文字、图形中得以体现，又可在包装的造型上加以表达。如图5-3-12所示，一个心形，传递温馨、浪漫的情感；如图5-3-13所示，一个卡通动物形，传递欢快、愉悦的情绪；仿古造型，传递淳朴、怀旧的气息；等等。以情感人，是现代礼品包装设计的良好策略。

图5-3-12　心形包装盒

图5-3-13　包装上可爱的熊猫造型

（4）显示特色性。不同的礼品产自不同的地方，因此礼品包装应强调设计创意，突出民族或地方风格（如图5-3-14所示），体现具有文化品位的个性特点，这样才能拉开与同类商品的距离，体现强烈的个性与地域特色，从而赢得市场。

在科学文化水平高度发展的今天，随着我国与各民族各国家的交往更加频繁，礼品包装拥有广阔的市场。因此，包装企业要想开拓世界市场，就更应该深入研究礼仪文化的精神风尚，让包装行业发展与时代同步，不断展示出新的姿态。

图5-3-14　具有民族地域特色的包装

任务评价

造型上的文化表现评价表如表5-3-1所示。

表5-3-1　造型上的文化表现评价表

评价项目	具体要求	评价			
		优秀	良好	需改进	建议
包装设计	（1）传统化包装				
	（2）礼品包装				
学生自我评价	（1）能按照要求进行训练				
	（2）分析能力强，有合作意识				
	（3）发挥积极的作用				
小组活动评价	（1）团队合作良好				
	（2）训练中相互帮助				
	（3）对团队有贡献				
	（4）对团队成果满意				
收获		个	个	个	

项目六

系列化商品包装设计

项目导读

系列化包装设计能使同一企业不同种类或同一种类不同品牌的商品成为具有统一性的商品体系，形成强烈的视觉阵容。它不仅吸引消费者的关注，而且使消费者感受到品牌的力量。如何运用系列化包装设计为企业谋求更大化利益？如何进行系列化包装设计？这些问题是本项目重点关注的内容。

任务一 系列化包装

任务目标

系列化包装又称“家族式”包装。它是针对企业的同类商品，以商标为主体，将同一商标统辖下的所有商品，在形象、色彩、图案和文字等方面采取共同性设计，使之与竞争企业的商品产生差异，更易识别。

任务要求

系列化包装是将一个企业或一个商标、品牌名的不同种类的商品，用一种共性特征来统一设计，可用特殊的包装造型特点，如形体、色调、图案、标识等，使包装形成一种统一的视觉形象。

任务驱动

一、系列化包装的形成因素

系列化包装的出现绝非偶然，它的不断发展为人民的生活带来便利，更对市场的繁荣起到促进作用。

1. 市场的繁荣

20世纪初的美国经济繁荣，中产阶级规模日益壮大。尤其是第二次大战使西欧各国实力遭到严重削弱，美国因远离战场而大力拓展世界市场。到20世纪50年代中期，全世界一半以上的商品是由美国生产的，美国市场的繁荣导致全世界第一个超级市场的诞生。大型购物中心和超级市场的发展，进一步刺激了商品需求。其中最为典型的就是食品需求量的急剧增长，人们对食品消费需求朝着多样化、多量化、特色化的方向发展。

各大商家纷纷拓展食品运作规模，其产品种类的多样化，使其大踏步向系列化包装迈进。20世纪80年代，几乎在世界范围内出现了经济繁荣的热闹景象。在普通的超级市场内，货架上摆满了数万件各式各样的商品，其中80%都是系列化包装。

2. 品牌竞争的影响

品牌是商品推广中不可低估的卖点，它可以通过包装展示独特的竞争优势。而包装设计的主要责任就是品牌推广，并使之在零售货架上占据显赫位置。当品牌名称出现在同类商品的系列化包装上，无疑已使商品具有了同一性。系列化包装强调了商品群的整体面貌，是树立企业品牌形象、获取品牌竞争优势的有效手段。

3. 包装技术的进步

20世纪是人类科技飞速进步的时期，应用最新科学技术成果、革新包装生产技术的举措促进了包装经济的稳定发展。科学技术中所包含的工程技术革新和包装材料创新等对包装的影响尤为重要。包装材料的创新主要体现在金属铝箔材料和各类塑料的研发；工程技术的革新为包装技术、制版印刷技术等带来革命性的变化，并影响了包装设计的形式转变。

二、系列化包装的竞争优势

1. 有利于形成品牌效应

系列化包装以商品群的整体面貌出现，声势宏大，个性鲜明，有着压倒单体商品的视觉冲击力。即使被超市陈列在较差的视域区，这种群化阵容仍然能够吸引消费者对商品的关注度，快捷、强烈地传达商品信息。与此同时，反复出现的品牌视觉形象，将使消费者产生较为深刻的印象。系列化包装增加了品牌的认知度，增强了与其他同类商品的竞争力。

2. 有利于扩大销售

经过系列化包装后的商品可以作为一个销售单元进行整体销售，其价格与单个商品比较会相对便宜。这不仅可以吸引更多的消费者，而且当其中某一项商品获得消费者认可，就可能引发他们对该系列其他商品的信任，引起重复消费行为，乃至延伸到整个系列的所有商品。

3. 有利于降低成本

包装成本是指企业为完成货物包装业务而发生的全部费用，包括包装材料费用、包装技术费用、包装人工费用等。系列化包装大多使用同一容器、同一生产线，大大降低了生产成本。

任务评价

系列化商品的包装设计评价表如表6-1-1所示。

表6-1-1　系列化商品的包装设计评价表

评价项目	具体要求	评价			
		优秀	良好	需改进	建议
系列化包装	（1）系列化包装的形成因素				
	（2）系列化包装的竞争优势				
学生自我评价	（1）能按照要求进行训练				
	（2）分析能力强，有合作意识				
	（3）发挥积极的作用				
小组活动评价	（1）团队合作良好				
	（2）训练中相互帮助				
	（3）对团队有贡献				
	（4）对团队成果满意				
收获		个	个	个	

任务二　系列化包装设计与品牌创建

任务目标

系列化包装设计是品牌形象塑造、品牌个性的表现。知晓品牌的基本概念，了解品牌的塑造方式，掌握品牌的标识设计，将指导设计师用系列化包装打造品牌，为营销沟通提供更为直接、更为有效的途径。系列化包装是产品的保护物、宣传物。对于消费者来说，品牌和系列化包装几乎是紧密联系、不分彼此的。

任务要求

了解何谓“品牌”。《辞海》（第七版）中对品牌的定义是：“品牌，亦称‘厂牌’‘牌子’。企业对其提供的货物或服务所定的名称、术语、记号、象征、设计，或其组合。主要供消费者识别之用。品牌的组成可分为两部分：一是品牌名称，指品牌中可用语言称呼的部分；二是品牌标志，指品牌中可以被识别但不能用言语称呼的部分，如符号、设计、色别等。企业如将某品牌在政府有关主管部门注册登记后，即成为商标。”

任务驱动

一、品牌概念

1. 品牌创建模式

（1）一牌多品策略。在激烈的市场竞争和消费需求不断变化的条件下，开发新产品是生产企业生存和发展的根本出路。一牌多品策略也称单一品牌策略或品牌延伸策略，即企业的多种产品使用同一个品牌。其具体是指企业将原有的品牌沿用到不同类别的产品上，形成几类商品。实施一牌多品策略进行品牌延伸，不仅可以使企业以较低的费用迅速打开市场，而且有利于企业树立品牌的形象。

（2）一品多牌策略。指的是企业同一类产品或产品线使用两个或两个以上的品牌，而每一个品牌都是相对独立的。一品多牌策略既有助于最大限度地分散市场风险，又可以建立市场区隔，避免不同商品之间的消极影响。

（3）次品牌策略。企业拥有一个主品牌，同时在同类市场中还拥有若干个次品牌，而次品牌相对核心品牌的市场份额要小。在这一策略中，品牌的主次要分明，次品牌要主动保护主品牌的领先地位，同时要担负起企业品牌整合与调整的任务，并以此来扩大市场占有率。

（4）副品牌策略。企业的商品在使用同一个总品牌的同时，依据市场的不同细分、消费人群的不同定义、商品的个性特征及商品的价值特色而使用不同的副品牌。

2. 零售商自有品牌

自有品牌是指零售商以自己的名字命名的商品品牌。在庞大的自有品牌中，零售商已将系列化包装作为重要决策，要求商品有独特、唯一的包装形式，而不再满足于对专属品牌的包装设计进行模仿。自有品牌要让包装来体现仅属于自己的权利、价值和个性，以此来促进商品的销售，在货架上与专属商品抗衡。

二、品牌塑造

品牌塑造就是使所有的产品品牌在消费者心中占据一个有利地位或取得一个无法替代的位置。品牌塑造的目标是突出品牌特征、挖掘品牌核心价值、树立品牌形象，使品牌具有鲜活的生命情感和形象，给消费者带来难以抗拒的亲和力。

1. 建立品牌特征

品牌特征就是一个公司、一类商品或一种服务的基本要素组合，包括个性、品质、体验、文化特征等。其中品牌个性是关键，它可以高贵而性感，也可以低调而动人。强烈的品牌特征有利于向目标消费者传递准确信息，更有利于建立一个强大、和谐及个性化的品牌。

2. 挖掘品牌核心价值

从消费角度来看，品牌核心价值具体可以归纳为以下五个利益部分：功能性利益、情感性利益、文化性利益、社会性利益、心理价值利益。

3. 树立品牌形象

品牌形象包括商品形象、技术形象、服务形象、环境形象、社会形象、市场形象、传播形象（广告和包装）等。

三、品牌标识设计

1. 品牌标识概念

商品的品牌标识也被称为商标，它是区别商品来源和商品特定质量或服务品质的标记，代表着商品的质量和信誉，是品牌形象的视觉中心。品牌标识作为一种特定的视觉符号，是企业形象、特征、信誉文化的综合体现。它的作用是将企业的经营理念、经营内容、企业文化等要素，传递给社会大众，以达到社会对企业及商品的认知与识别的目的。

2. 品牌标识类型

包装上的品牌标识大多分为两种：一种是公司名称；另一种是商品品牌。有时候它们是合二为一的。但大多数公司因旗下研发了许多系列化商品，其商品定位也各不相同，由此诞生了许多商品品牌。

3. 品牌标识设计原则

（1）注重设计意念。每个品牌都有核心价值，它的承诺、它的潜力及它的保证都是标识设计的重要依据。品牌标识要准确地反映出品牌的特色、情调、内涵、风采，使之蕴含浓厚的文化气息。

（2）把握表现技巧。充分发挥图形的视觉冲击力，把握表现技巧是商标设计中的根本原则。繁简不是绝对的衡量标准，能体现时代风貌、适应消费者审美追求并具有个性鲜明特色的商标，才能赢得市场。

（3）重视应用提升。品牌标识设计中，还要考虑将来的设计应用，如包装上的版式、印刷规格、色彩组合等。品牌标识的本质是信息传播。要把握标识所要传播的信息要点，就要通过精练、准确的视觉元素的编排，达到传播信息的目的，让受众在视觉心理上产生特定的感受与联想。

任务评价

系列化包装设计与品牌创建评价表如表6-2-1所示。

表6-2-1　系列化包装设计与品牌创建评价表

评价项目	具体要求	评价			
		优秀	良好	需改进	建议
系列化包装设计与品牌创建	（1）品牌概念				
	（2）品牌塑造				
	（3）品牌标识设计				
学生自我评价	（1）能按照要求进行训练				
	（2）分析能力强，有合作意识				
	（3）发挥积极的作用				
小组活动评价	（1）团队合作良好				
	（2）训练中相互帮助				
	（3）对团队有贡献				
	（4）对团队成果满意				
收获		个	个	个	

任务三　系列化包装设计策略

任务目标

系列化包装设计策略是指在进行某系列商品包装的开发或再设计时，以调研为支持、消费者为导向、市场为依据，遵循一定的系列化包装设计原则，采取系列化包装设计表现形式等的决策活动。

任务要求

所谓系列化包装设计目标，是指在品牌发展规划和营销传播策略指导下，根据品牌定位和品牌愿景等方面的要求，以提升品牌价值和维护品牌形象为目的而制订的同类商品的包装设计计划及拟达到的效果。

任务驱动

一、明晰设计目标

大部分的系列化包装设计目标来自品牌核心基础、特点和信息属性，如充满活力的、自信的、传统而经典的、优雅而有品位的等。一个有前瞻性的设计目标应该包括基本设计目标和延展设计目标两大模块。

1. 基本设计目标

基本设计目标包含以下两方面内容。

（1）品牌注释。它包括商品定位、商品价值、商品个性等，即在包装中体现品牌的核心价值。系列化包装常常只针对一类商品和它的目标消费群体，过多、过杂的设计理念会缺乏设计的重点表达，分散消费者的关注点，因而无法传达商品的核心价值。

（2）设计方法。它包括设计概念、设计风格、设计禁忌、设计手段、设计技巧等，在基本设计目标中，除了要强调包装的品牌特征，还要有创新的理念和个性化表达。

2. 延展设计目标

延展设计目标重在品牌扩张或商品延伸时包装设计应达到的预期效果，如商品系列化包装再设计等。该目标要求基本设计元素（标志、色彩和辅助图形等）必须具有可延展的设计空间。

二、统一品牌视觉形象

利用企业形象视觉识别系统建立统一形象，即通过实行品牌名称和商标的标准化形象和位置，应用企业标准色、标准文字体及其他共同特征来消除信息的互异性。以同一品牌的统一形象来区别其他不同品牌的商品包装，有利于消费者对品牌和企业形象产生记忆力、加深认知度。

三、形成一致性风格

对于根据不同的用途、品质、档次、适用对象等进行细分的分支类商品，尤其是药品、化妆品、食品等，系列化和配套化的一致性包装设计原则是非常有益的方法。进行包装设计时，可运用色彩的变化，还可变换商品图片或商标品名，从而改变编排，以区分不同的商品，但在设计表现手段和风格上，要始终坚持同一的格调来延续整体品牌的一致性。

对于若干个处在不同层面上的品牌组合而成的品牌，要巧妙地运用一致性设计法来体现出其间的关系及整体性，从而使品牌形象得到进一步深化。

四、强化品牌个性

表达商品的个性可用具体的形象把商品的主题呈现出来，如包装的图形、色彩、字体、形态、结构及独具匠心的编排形式等，乃至包装材料给予受众的触感体验，都是强化品牌个性的有力武器。只要把握其中之一的独特性，也会使包装卓尔不群，令商品的每一个特征都能够通过包装传达给消费者。如某品牌放弃了传统的瓶形和纸质酒标，以完全透明的瓶身形成视觉冲击，使消费者感触到酒味的醇正和净爽。

五、整合营销传播

所谓品牌传播就是通过公关、广告、新闻及商品包装等手段，将企业形象传递给目标消费群，来获得消费者了解和认同的过程。

美国的唐·舒尔茨提出了“整合论”的观点：“品牌成功的真正关键在于各个方面的协同合作。”整合营销传播的中心思想是在与消费者沟通过程中，统一运用和协调各种不同的传播手段，使不同的传播工具在每一阶段发挥出最佳的、统一的、集中的作用，其目的是协助品牌建立起与消费者之间的长期关系。

一些知名公司的整合营销传播就是把商品包装与公共关系、广告宣传、人员推销、营业推广等促销策略集于一身，在整合营销传播过程中，各种宣传媒介和信息载体互相配合，相得益彰。尤其是卖点广告（POP广告），在售卖点即时提醒消费者的关注，并且介绍商品或提供相关信息。

任务评价

系列化包装设计策略评价表如表6-3-1所示。

表6-3-1　系列化包装设计策略评价表

评价项目	具体要求	评价			
		优秀	良好	需改进	建议
系列化包装设计策略	(1) 明晰设计目标				
	(2) 统一品牌视觉形象				
	(3) 形成一致性风格				
	(4) 强化品牌个性				
	(5) 整合营销传播				
学生自我评价	(1) 能按照要求进行训练				
	(2) 分析能力强，有合作意识				
	(3) 发挥积极的作用				
小组活动评价	(1) 团队合作良好				
	(2) 训练中相互帮助				
	(3) 对团队有贡献				
	(4) 对团队成果满意				
收获		个	个	个	

任务四　系列化包装设计要点

任务目标

品牌标识是创造商品形象和企业形象的基础和核心，也是商品的特定标记和信誉的载体。品牌标识由商标和品牌名称组成，其形象特点简洁概括，利于识别和记忆。

任务要求

在系列化包装中，可以将品牌标识放在醒目的位置，并有意减弱其他视觉元素的可视性，强化品牌标识能使消费者对一个企业的系列化商品进行快速识别。

任务驱动

一、版面定位

在几种系列化包装设计中，版面的定位是关键。版面定位就是版面在基本展示区域内的实际位置，即品牌标识、图形和文本各自相对于其他设计元素的位置。统一的版式设计意味着将版面定位应用在全套系列化包装设计之中，即强调商标位置、字体变化、文本排列、图形的同一表现形式（包括相同或不同的图形）的一致性。

二、把握主要色调

设计师可根据商品的类型和特征，以某种色调或品牌的专用色作为一个系列范围的主调色彩，只在小面积的配色上依据商品个性而变化，使消费者从包装色彩上直接辨认出商品类型和品牌。另外，也可以直接应用不同的色彩，在每件包装上进行区分，但同样需要给消费者以整体的视觉感受。

系列化包装设计追求色彩搭配的最佳效果，包装群中的每一件包装，在用色方面均应从系列这一整体出发，每件包装与其他包装之间的色彩要相互搭配、协调统一。

三、统一图形风格

在系列化包装设计中，图形包括摄影图片和商业插图。无论使用哪一种图形，它们都须忠实于商品的信息传达。在设计应用中，要把握好图形风格的一致性和表现技法的统一性。在一整套系列化包装中，设计师只需选择其中的一种风格进行表达。当图形的统一形象确定，设计应用中还须规范图形的构图位置和比例大小，因为系列化商品的规格影响着包装的体积和形状。定位图形也是减少差异、形成统一性的重要举措。

四、体现造型特征

外观形态是商品包装造型、结构的表象，是包装设计师展示商品、塑造商品形象的有效手段。在系列化包装中注入令人赏心悦目的外观形态是十分有益的。由于系列化商品规格的差异性，形成了包装大小或形状上的变化。设计师应对不同规格的包装造型进行统一设计，创造具有某种外形特点的包装结构，使一系列的商品互为整体。

任务评价

系列化包装设计要点评价表如表6-4-1所示。

表6-4-1　系列化包装设计要点评价表

评价项目	具体要求	评价			
		优秀	良好	需改进	建议
系列化包装设计要点	（1）系列化包装版面定位				
	（2）系列化包装主要色调				
	（3）系列化包装统一图形风格				
	（4）系列化包装体现造型特征				

表6-4-1（续）

评价项目	具体要求	评价			
		优秀	良好	需改进	建议
学生自我评价	（1）能按照要求进行训练				
	（2）分析能力强，有合作意识				
	（3）发挥积极的作用				
小组活动评价	（1）团队合作良好				
	（2）训练中相互帮助				
	（3）对团队有贡献				
	（4）对团队成果满意				
收获		个	个	个	

任务五　系列化包装分类

任务目标

从设计的角度讲，系列化包装强调不同规格或不同商品包装的视觉统一性，强调一种整体的视觉效果，但又不是同种商品等量、同型的简单重复组合。

任务要求

为了实现既变化又统一、丰富多彩的包装视觉效果，在进行包装设计时，不仅要强调企业多种商品包装中某种特定统一的视觉特点，而且要体现不同商品的个性，在统一中求变化。系列化包装的表现形式多种多样，可以通过色彩、造型、构图形式等加以体现。

任务驱动

一、不同规格与内容的商品的系列化包装

对于不同规格与内容的商品系列化包装（如图6-5-1所示），可以采用统一的品牌名、商标和主题文字字体，形成系列化包装。这种方法是商品系列化包装最基本、最常用的方法，根据包装设计需要，在装潢构图、包装造型、色彩等方面追求自由变化，主要使品牌名和商标醒目突出，并运用鲜明、统一的字体，给消费者以强烈的视觉感，加深消费者对商品的系列印象，以争取市场和扩大销路。

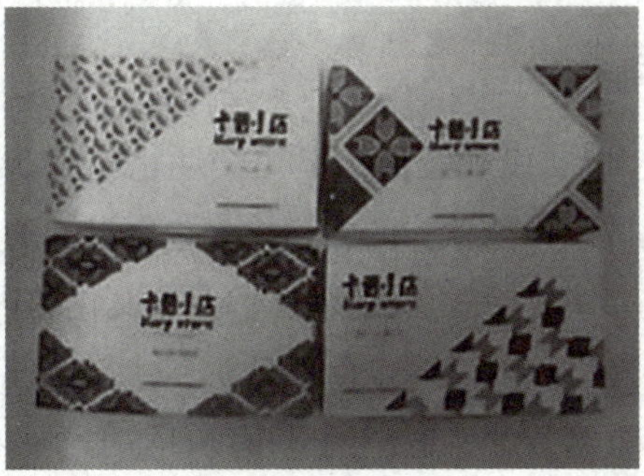

(a)

(b)

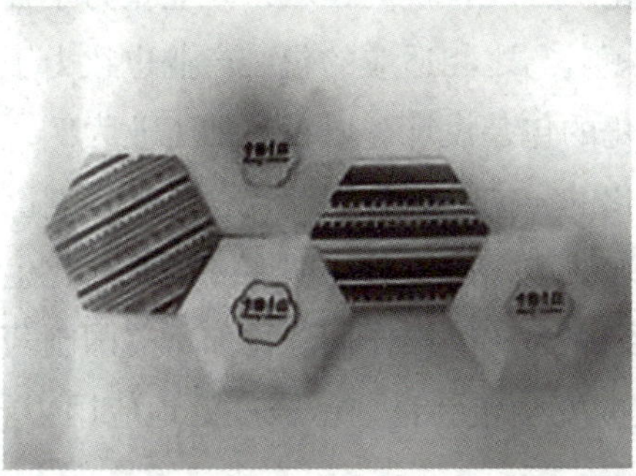

(c)

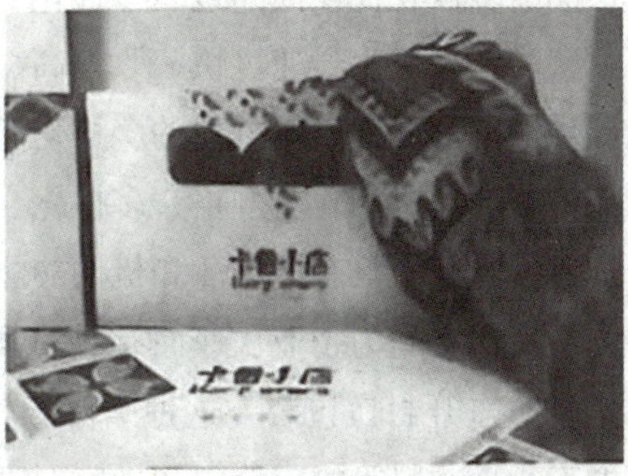

(d)

图6-5-1　不同规格与内容的商品系列化包装

二、同类商品不同容量规格的系列化包装

对于不同容量规格的同类商品，可采用相同的造型、图案、色彩、文字来形成包装的系列感，如图6-5-2所示。这种形式完全依据不同的容量规格来实现统一中的变化，有利于突出商品的独特形象，满足消费者对不同容量的购买需求。

(a)

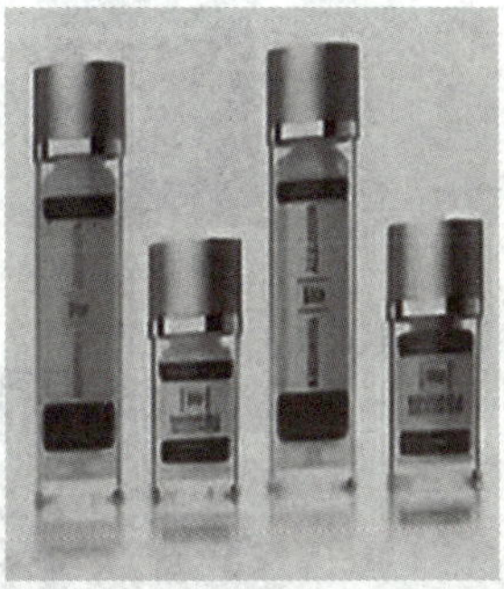

(b)

图6-5-2　同类商品不同容量规格的系列化包装

三、不同品种的同类商品的系列化包装

在包装产业领域，随着技术水平的提高，包装发展逐渐凸显出个性化与创新的特点，促成了包装的现代化设计，新技术、新机械及包装款式的多样化为包装设计的系列化、全球化提供了有利条件。包装设计人员需要掌握市场营销过程中企业文化的内涵，体现企业特色，才能对市场营销环境、消费心理做出科学而全面的分析，才能在准确的市场细分的基础上，确定适合企业的市场营销策略，才会适应国际市场日益加强的经济全球化趋势，使包装设计有序化，更利于开拓国际市场的竞争力。

产品的多样化促使商品包装多样化、系列化。在现代生产领域，企业致力于开发新产品，因为新产品生产速度快、收效高、时间短。与之相适应的包装产业也致力于向消费者提供识读性更强、更方便的多样化、系列化的包装设计。以食品加工业为例，人们对食品消费的需求朝着多规格、多样化、特色化的方向发展，因此，食品加工业已将大部分资金投向开发具有更灵活和机动功能的包装线上。这充分说明商品的系列化生产与包装的系列化实施为企业快速而有效的发展起到有力的助推作用。比如，美国制药业最先采用了防盗开封口包装，这种确保产品品质的安全包装目前已被广泛地应用于乳品、食品加工业、饮料等的包装，并推广到世界各地。

对于具有不同品种的同类商品，可以通过相同的品牌名、造型、构图形式、表现手法等来形成系列化的感觉，以不同商品包装的图形、色彩、名称等实现统一多样的系列化效果。图6-5-3所示为不同品种的同类商品系列化包装。

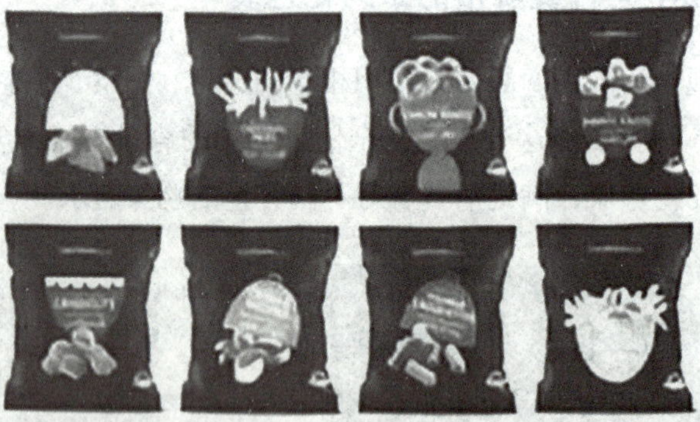

（a）

（b）

图6-5-3　不同品种的同类商品系列化包装

四、造型与规格相同的商品的系列化包装

采用统一的包装容器与同样的视觉设计方案，仅在包装装潢的色彩、图案的运用上做改变，如果将商品集中陈列展示，会形成丰富多彩的系列化效果，既提高视觉冲击力，又增强消费者对商品的购买欲。

系列化包装强调的是在同类商品中进行变化组合，而不是非同类商品组合。比如系列化饮料（如山楂汁、橘子汁、葡萄汁、桃子汁等）的包装，在设计时，需构想一个统一的形式，在一个较明确的位置上突出各自的果品形象，使人一目了然，从而实现系列化的目的，达到较理想的效果。但是在这一过程中，不能将“葡萄酒”的形象组合到里面，因为一个属于饮料类、另一个属于酒类，其成分不同，不能混淆。

同种商品的系列化包装应在共性中强调个性。以上面所举饮料为例，如将葡萄、橘子等果品形象表现得模糊不清，或因位置、大小处理不当，就不能明确清晰地展示商品内容，容易引起消费者的误解，失去其包装价值。另外，通常情况下，高档商品不能同低档商品构成系列，如果将高档手表与低档手表组成系列化包装，人们就会怀疑高档手表的质量，使企业失去信誉。

对于容器造型与规格相同的同种商品，可采用相同的构图形式、表现手法、图形、文字等来体现系列化的感觉，并通过改变包装的色调来进行变化，如集中陈列展示可形成丰富多彩的系列化效果。

五、多品种不同造型的系列化包装

对于同一企业不同形态、不同规格的商品，除采用统一的商标、字体之外，还要采用同类型的构图形式和表现手法，使其在形成统一的系列化特色的同时，在造型、规格和色彩上，赋予商品灵活多变的特点，给消费者留下深刻印象。

六、同类商品组合性系列化包装

同类商品组合性系列化包装（如图6-5-4所示）类型是将几种不同的商品分别包装，再组合配套装在一个包装容器中，从而达到多样统一的系列化效果。总之，从包装的功能和艺术表现的角度讲，系列化包装和其他商品包装的基本原则几乎没有区别，其不同之处在于能够突出强调包装视觉上的系列优点及其变化的丰富性。从突出整体感和表现多样化上看，足以见其在市场竞争中的重要地位。在进行设计时，设计师需要思索和研究系列化包装的系列化特点与表现商品特性之间的形式关系和手法，以适应现代商品经济发展趋势和消费者审美趋向的需要。

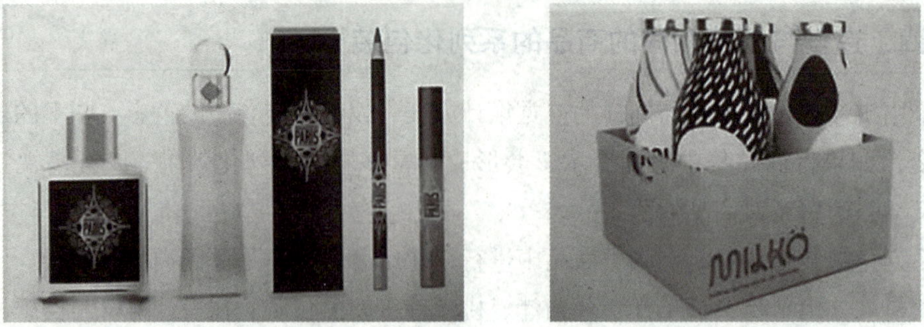

（a）　　（b）

图6-5-4　同类商品组合性系列化包装

任务评价

系列化商品包装的分类评价表如表6-5-1所示。

表6-5-1　系列化商品包装的分类评价表

评价项目	具体要求	评价			
		优秀	良好	需改进	建议
系列化商品包装的分类	（1）不同规格与内容的商品的系列化包装				
	（2）同类商品不同容量规格的系列化包装				
	（3）不同品种的同类商品的系列化包装				
	（4）造型与规格相同的商品的系列化包装				
	（5）多品种不同造型的系列化包装				
	（6）同类商品组合性系列化包装				
学生自我评价	（1）能按照要求进行训练				
	（2）分析能力强，有合作意识				
	（3）发挥积极的作用				
小组活动评价	（1）团队合作良好				
	（2）训练中相互帮助				
	（3）对团队有贡献				
	（4）对团队成果满意				
收获		个	个	个	

项目七

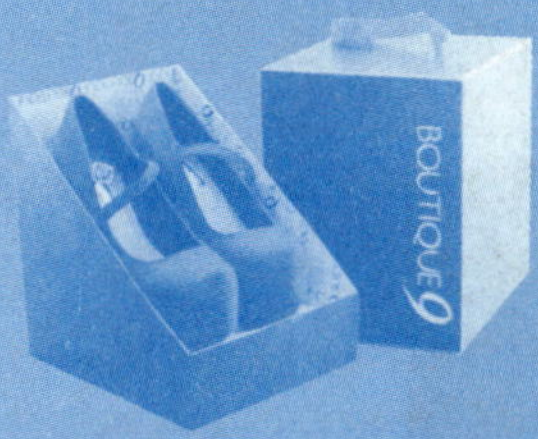

学生优秀包装设计案例欣赏

项目导读

作为一名设计师，学习是一件很重要的事，欣赏别人的优秀作品也是其中很重要的一部分。在包装设计行业，商品日益丰富，同类商品的竞争也不断加剧，企业为了取得市场优势，为产品设计一个好的包装显得尤为重要。一个好的包装设计不仅要体现商品的基本信息，而且要在商品日益同质化的今天，表现其独特的商品理念。通过本项目的学习，让学生了解如何用优秀包装来传达商品理念，以吸引消费者。

任务一 “嗜家”品牌包装设计

任务目标

通过商品的包装设计，简洁明了地体现商品的用途和品牌，能够让消费者快速地获取到包装中的重要信息。

任务要求

商品属性定位与消费者需求的关联分析；对消费者的选择购买意向分析。

任务驱动

“嗜家”，意为为孤身在异乡漂泊的人们提供随身携带的家乡味道。这种味道离不开本地区的各种食材和佐料，解决了人们因地理空间反差营造出的味觉情绪反差。

学生张玉雪、倪毕升设计的“嗜家”品牌通过定制家常菜系佐料，以期唤醒家乡味道来牵引身体反应的情绪表达。图7-1-1为“嗜家”品牌包装设计案例。

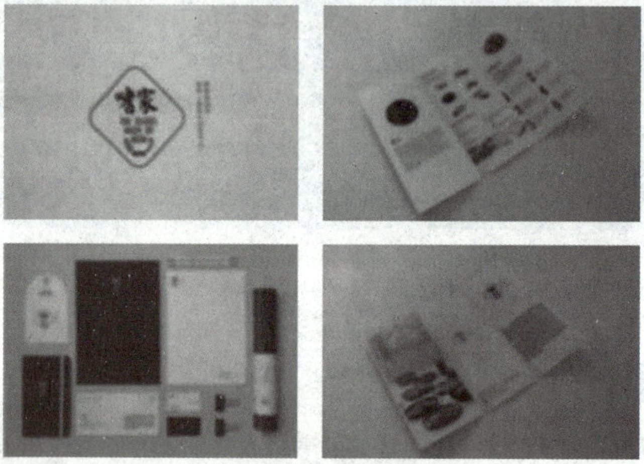

图7-1-1 “嗜家”品牌包装设计案例

“嗜家”品牌标识以字体为主，其包装设计分为家常菜系佐料和手工秘制酱两个系列，如图7-1-2所示。

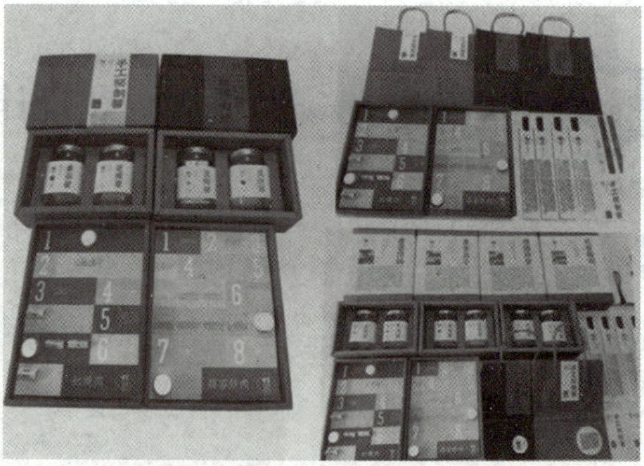

图7-1-2 家常菜系佐料与手工秘制酱

如图7-1-3所示，家常菜系的包装设计将不同菜品的佐料按照做菜步骤和做法依次分量搭配，使人们在做饭时能够节约时间。

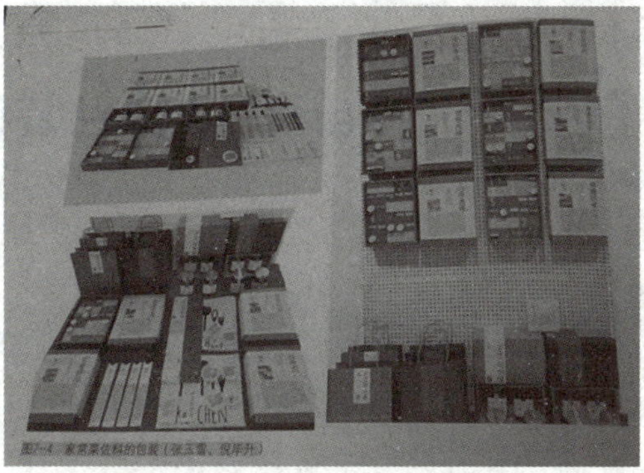

图7-1-3　家常菜系佐料的包装

如图7-1-4所示，手工秘制酱的包装采用天地盖式结构及玻璃瓶包装，便于陈列及食品保存。

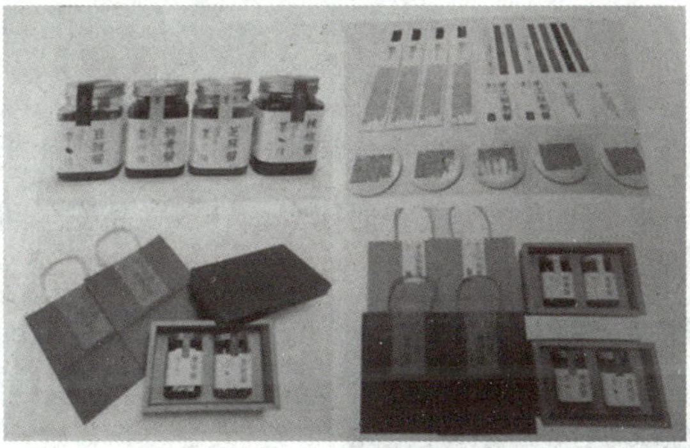

图7-1-4　手工秘制酱包装

任务评价

“嗜家”品牌包装设计评价表如表7-1-1所示。

表7-1-1　“嗜家”品牌包装设计评价表

评价项目	具体要求	评价			
		优秀	良好	需改进	建议
包装设计	（1）“嗜家”品牌包装设计的风格				
	（2）“嗜家”品牌包装设计的优势				
	（3）“嗜家”品牌包装设计的特点				
学生自我评价	（1）能按照要求进行训练				
	（2）分析能力强，有合作意识				
	（3）发挥积极的作用				
小组活动评价	（1）团队合作良好				
	（2）训练中相互帮助				
	（3）对团队有贡献				
	（4）对团队成果满意				
收获		个	个	个	

任务二 “Terra”品牌包装设计

任务目标

通过商品的包装设计，简洁明了地体现商品的用途和品牌，能够让消费者快速获取到包装中的重要信息。

任务要求

了解商品的特点、销售对象、销售地点，并进行针对性的市场调查。

任务驱动

春耕、夏耘、秋收、冬藏，这既是自然的规律，也是万物的法则。在过去，蔬菜只有三个“供应商”——水、土壤、空气；而如今，许多食品安全问题摆在人们面前。在忙碌的日常生活中，对于一碗简单的餐食，人们也要关注其是否干净与健康。图7-2-1所示为“Terra”品牌包装设计案例。

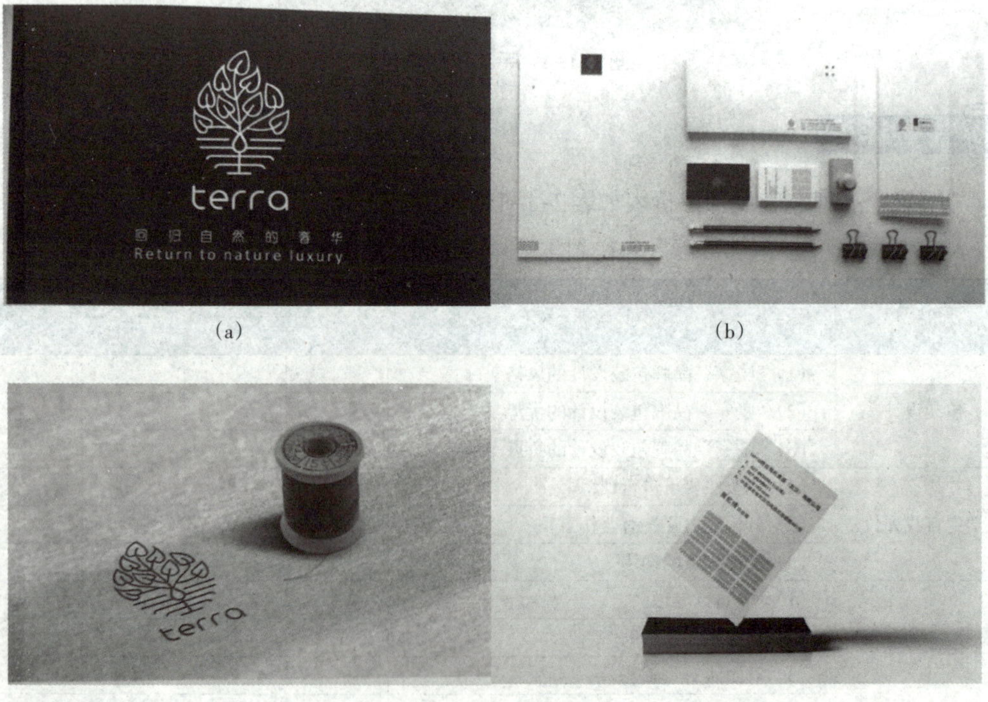

(a)　(b)　(c)　(d)

图7-2-1 “Terra”品牌包装设计案例

因此，学生李梦婷“创立”了一个有机品牌，想让更多人吃上健康的安全食品，让生活变得有机。食品是大地对人们的馈赠，因此该品牌被命名为“Terra”（即大地）。其寓意为罗马神话中的大地女神，而印度梵语隐喻为生命力量。图7-2-2和图7-2-3分别为“Terra”品牌视觉形象和“Terra”品牌商品包装。

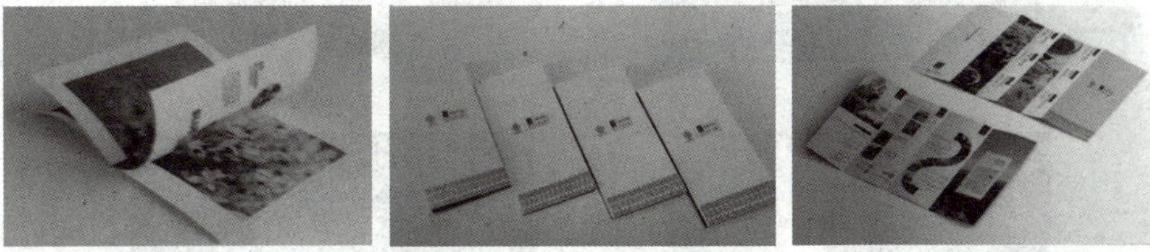

(a)

(b)

图7-2-2　“Terra”品牌视觉形象

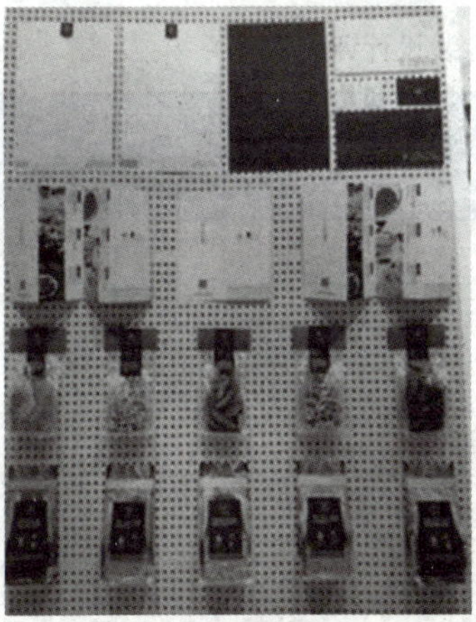

(a)

(b)

(c)

图7-2-3　“Terra”品牌商品包装

“Terra”品牌的设计理念为：我们愿意做大自然的搬运工，当最质朴的劳作农民，为人们输送安心和卫生，你曾担心的、彷徨的、犹豫的都能在这里放下心来。只有这样维护人与自然的关系，人类才能长久地得到自然的馈赠。图7-2-4所示为“Terra”绿色食品包装。

(a)

(b)

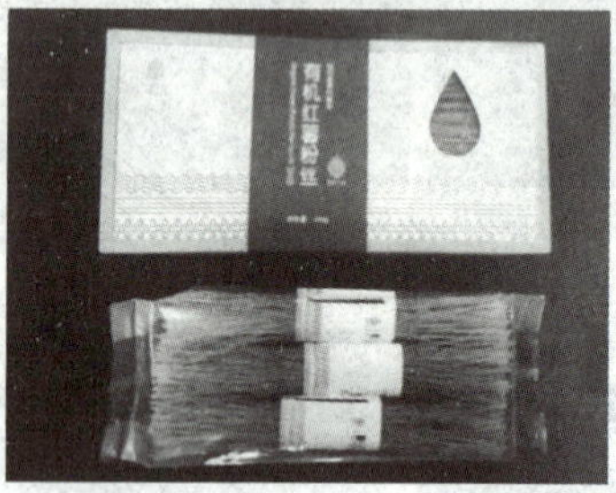

(c)

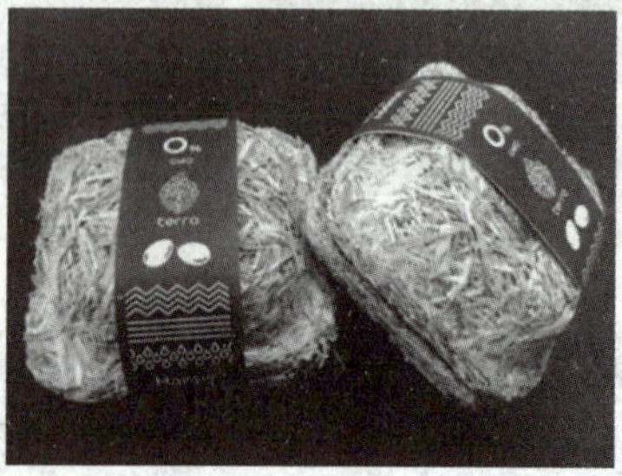

(d)

图7-2-4 “Terra”绿色食品包装

任务评价

“Terra”品牌包装设计评价表如表7-2-1所示。

表7-2-1 “Terra”品牌包装设计评价表

评价项目	具体要求	评价			
		优秀	良好	需改进	建议
包装设计	(1)“Terra”品牌包装设计的风格				
	(2)“Terra”品牌包装设计的优势				
	(3)“Terra”品牌包装设计的特点				
学生自我评价	(1)能按照要求进行训练				
	(2)分析能力强，有合作意识				
	(3)发挥积极的作用				
小组活动评价	(1)团队合作良好				
	(2)训练中相互帮助				
	(3)对团队有贡献				
	(4)对团队成果满意				
收获		个	个	个	

任务三 “酱心”品牌包装设计

任务目标

站在消费者角度去思考和设计品牌包装，无论是视觉效果还是商品体验，都要与消费者形成一个更好的互动。

任务要求

精致的包装设计既能提高商品宣传效果，又能在无形中增加客户的好感。

任务驱动

小时候外婆亲手为你熬制的果酱味道，一定让你久久不能忘怀。“酱心”品牌果酱精选四季的时令水果，纯手工无添加，保留果子独特的成分。“酱心”品牌果酱优选各种甜美、饱满、香气四溢的水果，搭配茶叶、花朵、香料、酒，甚至是巧克力、蜂蜜、坚果等材料，让水果自身的天然果胶和糖分同温度发酵出晶莹浓稠、口感独特的美味果酱。让开启每罐果酱的消费者都能感受到手工酿制的惊喜。图7-3-1所示为“酱心”品牌包装设计案例，图7-3-2所示为“酱心”品牌视觉形象。

(a)

(b)

(c)

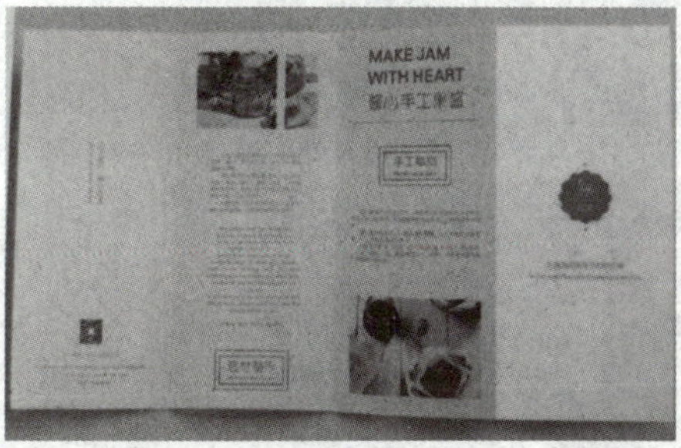

(d)

图7-3-1 “酱心”品牌包装设计案例

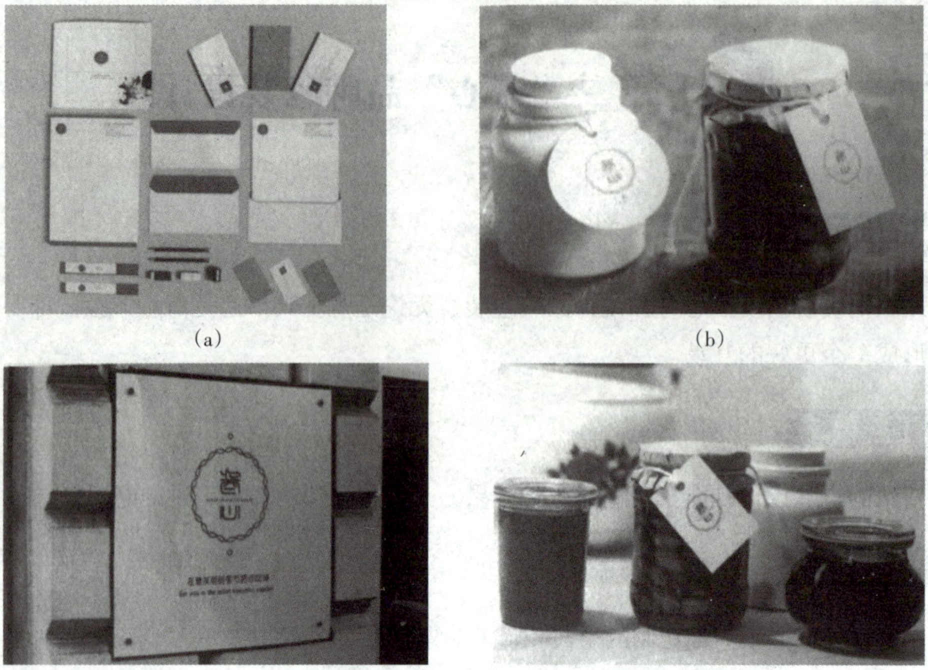

(a) (b) (c) (d)

图7-3-2 “酱心”品牌视觉形象

学生段炼雯设计的“酱心”品牌标识以文字为主，品牌的包装设计以“四季时令”为主题，挑选出八种不同水果，延伸出缤纷的色彩图形，向消费者传达“按季节吃果酱”这一思想。图7-3-3所示为“酱心”品牌商品。

图7-3-3 “酱心”品牌商品

“酱心”系列果酱的包装采用果子的形象及颜色进行设计，应用玻璃瓶包装更利于食品的保存，如图7-3-4所示。

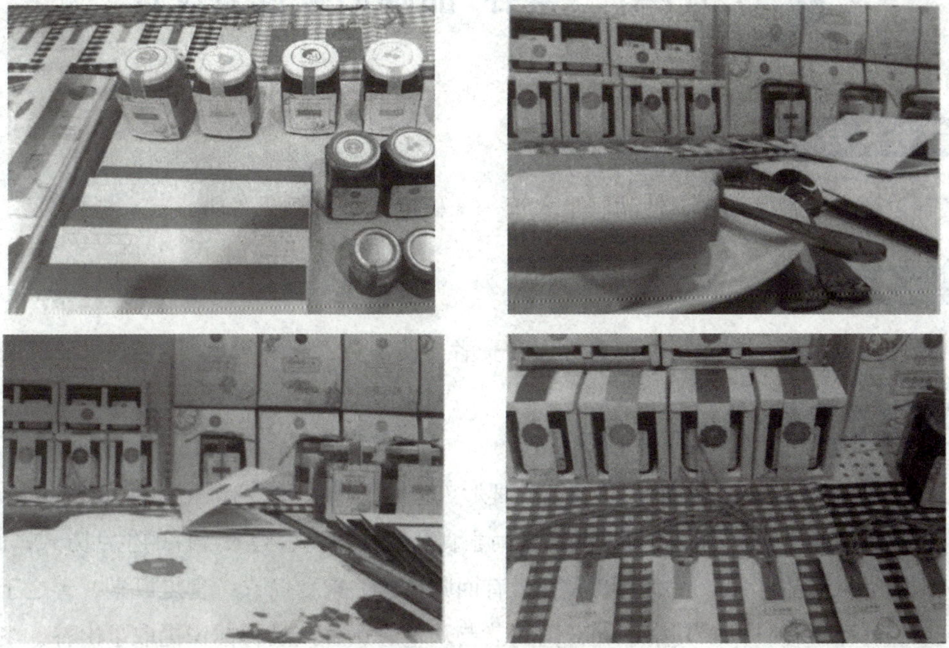

图7-3-4　“酱心”商品包装

任务驱动

“酱心”品牌包装设计评价表如表7-3-1所示。

表7-3-1　“酱心”品牌包装设计评价表

评价项目	具体要求	评价			
		优秀	良好	需改进	建议
包装设计	（1）“酱心”品牌包装设计的风格				
	（2）“酱心”品牌包装设计的优势				
	（3）“酱心”品牌包装设计的特点				
学生自我评价	（1）能按照要求进行训练				
	（2）分析能力强，有合作意识				
	（3）发挥积极的作用				
小组活动评价	（1）团队合作良好				
	（2）训练中相互帮助				
	（3）对团队有贡献				
	（4）对团队成果满意				
收获		个	个	个	

任务四 “素谷”品牌形象包装设计

任务目标

通过商品的包装设计，使品牌形象统一、稳定，不会随意变动。

任务要求

品牌形象统一，以独特的创意吸引消费者，使消费者容易辨认。

任务驱动

学生洪晶玲、赵彤创作的“素谷”品牌形象包装的设计灵感来源于越来越多的人通过夜跑、骑行、徒步等方式锻炼身体，并崇尚素食、轻食，追求健康环保的生活方式，而这些也已成为时尚的标签。品牌名“素谷”有回归自然、素食简衣；食之以素，善之于心；受天地滋养而生食材，以其精华养育世间芸芸众生之意。该品牌标识提取了山谷、飞鸟、谷粒的形象作为设计元素，以线条勾画的山脉与“素谷”两字的笔画共用穿插于山脉之间，点点飞鸟飞过，如一幅干净的画卷，使品牌标识充满了灵动与空灵之感。图7-4-1、图7-4-2、图7-4-3所示分别为“素谷”品牌包装设计案例、视觉形象与商品包装。

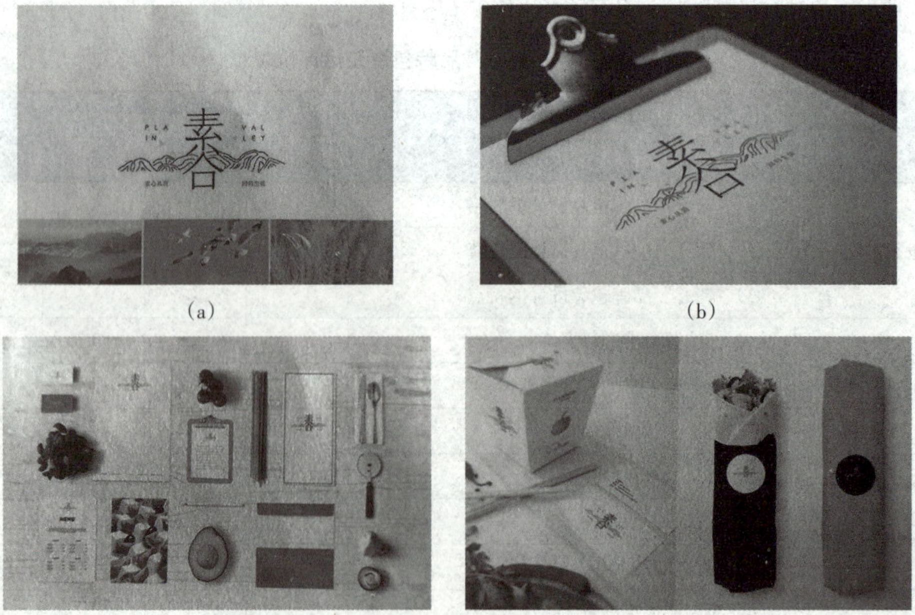

(a) (b) (c) (d)

图7-4-1 “素谷”品牌包装设计案例

(a)

(b)

(c)

(d)

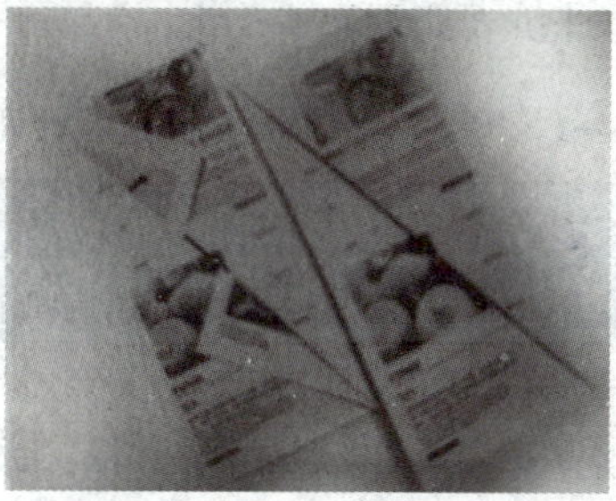

(e)

图7-4-2　“素谷”品牌视觉形象

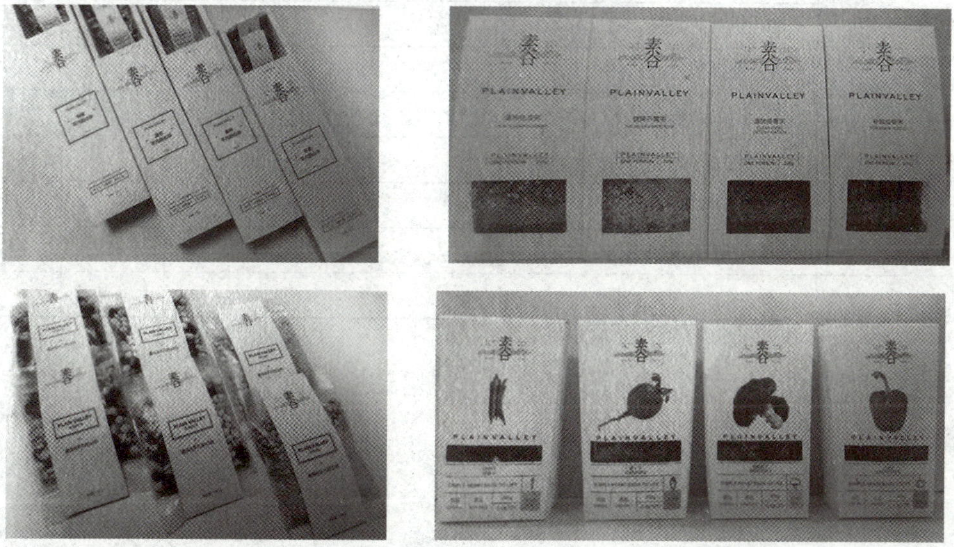

(a)

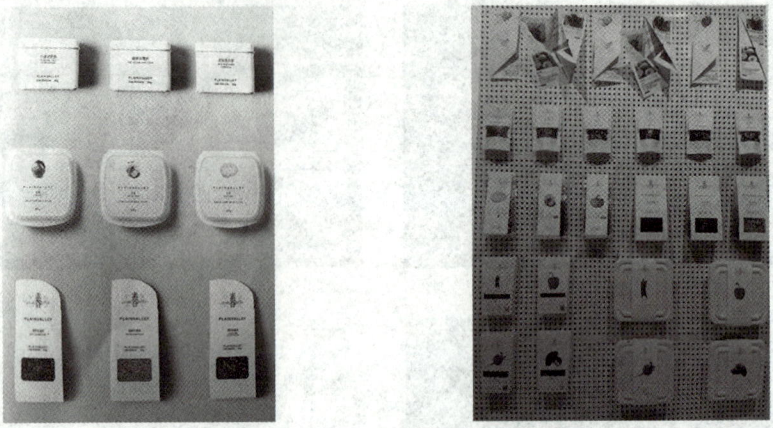

(b)　　(c)

图7-4-3 “素谷”商品包装

任务评价

“素谷”品牌形象包装设计评价表如表7-4-1所示。

表7-4-1 “素谷”品牌形象包装设计评价表

评价项目	具体要求	评价			
		优秀	良好	需改进	建议
包装设计	(1)“素谷”品牌形象包装设计的风格				
	(2)“素谷”品牌形象包装设计的优势				
	(3)“素谷”品牌形象包装设计的特点				
学生自我评价	(1)能按照要求进行训练				
	(2)分析能力强，有合作意识				
	(3)发挥积极的作用				
小组活动评价	(1)团队合作良好				
	(2)训练中相互帮助				
	(3)对团队有贡献				
	(4)对团队成果满意				
收获		个	个	个	